环境监测与环境污染防治

主 编 付旭东 杜亚鲁 冉 谷

U0253694

东北林业大学出版社
Northeast Forestry University Press
·哈尔滨·

图书在版编目（CIP）数据

环境监测与环境污染防治 / 付旭东，杜亚鲁，冉谷
主编. 一哈尔滨：东北林业大学出版社，2023.4

ISBN 978-7-5674-3101-0

Ⅰ.①环… Ⅱ.①付… ②杜… ③冉… Ⅲ.①环境监测
②环境污染 – 污染防治 Ⅳ.①X83②X5

中国国家版本馆CIP数据核字（2023）第067931号

责任编辑：马会杰
封面设计：鲁　伟
出版发行：东北林业大学出版社
　　　　　（哈尔滨市香坊区哈平六道街 6 号　邮编：150040）
印　　装：廊坊市广阳区九洲印刷厂
开　　本：787 mm × 1 092 mm　1/16
印　　张：15
字　　数：250千字
版　　次：2023年 4 月第 1 版
印　　次：2023年 4 月第 1 次印刷
书　　号：ISBN 978-7-5674-3101-0
定　　价：63.00元

如发现印装质量问题，请与出版社联系调换。（电话：0451-82113296　82191620）

编　委　会

主　编

付旭东　甘肃省定西生态环境监测中心

杜亚鲁　山东省地质矿产勘查开发局八〇一水文地质工程地质大队

冉　谷　重庆三峡学院

副主编

贺肖冰　郑州德析检测技术有限公司

李科伟　郑州德析检测技术有限公司

梁芳芳　郑州洁神环境保护信息咨询有限公司

栾京京　山东金禾环保检测有限公司

王文玲　山东省德州生态环境监测中心

袁蒙杰　郑州德析检测技术有限公司

（以上副主编按姓氏首字母排序）

前　言

　　随着现代工业、农业和交通运输业的飞速发展，水资源和矿产资源的不合理开发利用，以及大型工程的兴建、跨大流域的调水等，生态平衡遭到破坏；工业"三废"在环境中积累，致使土壤被化肥、农药及污水污染；水资源特别是淡水资源枯竭；地面沉降、山体崩滑等现象时有发生。这些都影响了动植物的生长和繁殖，直接或间接地影响着人类的生活质量和健康。为了预防环境污染，治理已经被污染的环境，必须探求环境质量恶化的根源和演化规律，寻找导致环境恶化的主要指标并进行连续的、自动的监测。

　　深刻的历史教训和严峻的现实告诫我们，绝不能以牺牲后代的利益来求得经济一时的快速发展。作为我国环境污染重要来源的工业企业，理应重视环境保护工作，积极实施可持续发展战略，追求经济与环境的协调发展；严格遵守国家的环境保护法规、政策、标准，积极推行清洁生产，恪守保护环境的社会承诺；以科学发展观为指导，以实现环境保护稳定达标和污染物持续减排为目标，继续加大污染整治力度，全面推行清洁生产，大力发展循环经济，努力创建资源节约型、环境友好型企业。因此，对环境展开检测和防治已刻不容缓。

　　本书主要讲述的是环境监测与污染防治：首先对环境监测及各种污染物监测方法进行介绍；接着对新型监测技术展开论述；最后介绍环境污染防治措施。希望本书的出版能够为读者提供一定的借鉴。

作　者

2023 年 2 月

目　　录

第一章 水环境监测

随着社会经济的发展，水污染事件逐渐增多，对环境的可持续发展造成了一定的影响。国家相关管理部门要做好水环境检测，不断完善检测网络，确保检测的科学有效性，加强对水资源的管理，对环境进行有效的保护。本章主要阐述水环境各种监测手段，以及如何提升水环境监测的质量和效率。

第一节 水污染监测概述

水是生命之源，水分布非常广泛，由地表水、地下水、大气水及冰川与冰盖构成了地球的水圈，并成为人类及众多生物生存的物质基础。据测算，地球总水量约为 13.9 亿 km^3，其中海水占 97.3%，可以直接使用的淡水仅占 2.7%。而这仅有的淡水中，冰川、冰盖又占 77.2%，便于人类利用的水资源少之又少。因此，联合国确立 3 月 22 日为"世界水日"。

水吸收太阳能而蒸发为云，再通过雨雪等降水进入溪流江河，最后回归海洋形成水的自然大循环；人类的生活、生产用水产生了含有杂质的废水，经过人工处理或自然降解、净化又返回天然水而形成水的社会小循环。水资源通过自然大循环和社会小循环处于时时更新的动态平衡中。

一、水污染

当人类将生活和生产中产生的废水未经处理直接排放到自然界时，由于废水中的污染物超过了水体的自然降解能力而造成水体的品质和功能下降，称为水体污染。当污染物进入水体时，首先由于水的混合产生的物理稀释作用，使污染物浓度降低，然后发生一系列复杂的化学反应和生物反应，使污染物发生转化、降解，从而使水质得以恢复的这一过程，称为水体净化。

水体污染按污染性质分为化学型污染、物理型污染和生物型污染三种。化学型污染是指废水中含有有毒有害的化学性污染物，如有机污染物、无机污染物等；物理型污染是造成水体物理性能恶化的污染，如固体悬浮物污染、热污染、放射性污染等；生物型污染是含有各种病原微生物的生活污水、医院废水等危害人体健康的污染。

二、水质监测

水质监测分为环境水体监测和水污染源监测两类。环境水体包括江、河、湖、海等地表水和地下水；水污染源包括生活污水、工业废水、医院污水等。水质监测的目的主要是掌握环境质量的现状及发展趋势，包括监测水污染源排放污染物的种类、强度和排放量，污染事故的调查等。

水质监测项目采用优先监测重点项目的原则，将毒性强、危害大、污染重的污染物作为优先监测重点项目。我国已确定了4类、68种水环境优先监测污染物黑名单，其中有机毒物就有56种。

三、水质监测分析方法

同一监测项目可以采用多种方法和仪器分析检测，但为了保证监测方法的灵敏度、准确度以及监测结果的可靠性和等效性，必须统一监测分析方法。水质监测分析方法分为以下三个层次。

（一）国家标准分析方法

国家标准分析方法（A类方法）是指134种经典的、准确的标准方法，用于检测其他监测方法，也称基准方法。

（二）统一分析方法

统一分析方法（B类方法）是指已被广泛使用、基本成熟的分析方法，但尚需进一步检验和规范，也称标准分析方法。

（三）等效分析方法

等效分析方法是指与上述两类方法的灵敏度、准确度、精密度等性能相近或优于上述两类方法，但尚需对比验证的新方法，可认为与其等效。

第二节　水质监测方案的制定

　　水体是一个复杂、开放的体系，它溶解和混合了多种自然与人为的污染物，并因水的流动性而具有不确定性、离散性及随机注入或流失的开放性，使水质随时空的变化而变化。为使水环境监测数据具有一定的代表性和可比性，必须统一水质采样布点和监测方法。

一、水质监测方案设计思路

　　水质监测方案设计思路是在明确监测目的和具体项目的基础上，首先收集水文、地质、气象及污染物的物理化学性质等原始资料，然后综合考虑监测站的人力、物力和技术设备等实际情况，确定采样断面、采样点、采样时间、采样方法等采样方案及水样的运输、储存、预处理及分析检测等分析、监测方案，最后进行数据处理、综合和撰写监测报告。

二、地表水采样布点方案

（一）河流采样布点方案

　　对于江河水系或某一河段，要监测某一污染源排放的污染物的分布状况，需在该河段划分若干个采样断面，每个断面再设置若干个纵横采样点，从而获得具有代表性的、不同类型的水样。

　　1. 背景断面

　　背景断面设在基本未受人类活动影响的河段，用于评价一完整水系的原始状态。

　　2. 对照断面

　　对照断面（入境断面）设在河流刚进入河段的前端，反映进入该河段之前的水质状况，作为该河段的水质原始参照值。一个断面仅设一个对照断面。

　　3. 控制断面

　　控制断面（污染断面）设在每个污染源下游500~1 000 m处（此处污染物均匀且浓度达到最大），由此监视各污染源对水体污染最大时的状况。控制断面数目由污染源分布状况和具体情况而定。

4.削减断面

削减断面（净化断面）设在该河段最后一个污染源下游1 500 m以外，由于污染物经过河水稀释和生化自净作用而浓度显著下降，这反映出河水进入了自净阶段。

由于江河水系的深度和宽度不同，因此每个监测断面还应根据水面的宽度不同布设若干横向（水平方向）采样点，根据水的深度不同布设若干纵向（垂直方向）采样点。

采样垂线数及其上采样点数的确定见表1-1、表1-2。

表1-1 采样垂线数的确定

水面宽	垂线数	说明
< 50 m	一条（中泓线）	1.垂线布设应避开污染带，要测污染带应另加垂线；
50~100 m	两条（近左、右岸有明显水流处）	2.确能证明该断面水质均匀时，可仅设中泓线；
>100 m	三条（左、中、右各一条）	3.凡在该监测断面要计算污染物通量时，必须按本表布设垂线

表1-2 采样垂线上采样点数的确定

水面宽	采样点数	说明
< 50 m	上层一点	1.上层至水面下0.5 m处，水深不到0.5 m时，在水深1/2处； 2.下层指河底以上0.5 m处；
50~100 m	上、下层两点	3.中层指水深1/2处； 4.封冰时在冰下0.5 m处采样，水深不到0.5 m时，在水深1/2处；
>100 m	上、中、下三层三点	5.凡在该断面要计算污染物通量时，必须按本表布设采样点

（二）湖库采样布点方案

湖库采样点的布设在考虑到具体特性后，按照下面三个原则划分监测断面，再根据水深和水温设定不同的采样点。

①湖库进口处设一弧形监测断面。

②以功能区（排污口区、饮用水区、风景区等）为中心，在其辐射线上设置弧形监测断面。

③在湖库中心区、深水区、浅水区、滞留区、水生生物区设置监测断面。

每一个监测断面应根据水深和水温不同设置相应的采样点。湖库监测垂线采样点的确定见表1-3。

表1-3 湖库监测垂线采样点的确定

水深	分层情况	采样点数	说明
< 5 m		一点（水面下 0.5 m 处）	1. 分层是指湖水温度分层情况；
5~10 m	不分层	两点（水面下 0.5 m，水底 0.5 m 处）	
5~10 m	分层	三点（水面下 0.5 m，斜温层 1/2 处，水底 0.5 m 处）	2. 水深不足 1 m 时，在 1/2 水深处设置采样点；
>10 m		除水面 0.5 m、水底 0.5 m 处外，按每一斜温层 1/2 处设置	3. 有充分数据证实垂线水质均匀时，可酌情减少采样点

三、地下水采样布点方案

储存于土壤、岩层、地下河、井等一切地表以下的水，称为地下水。地下水相对于地表水较稳定，受污染和波动变化较小。但由于人类的活动范围扩大，导致地下水污染由点到面，日益扩大和加剧。地下水污染大多是由药，化肥，工业废渣、废水向地下水的渗透、迁移和扩散所致。因此，地下水监测要考虑以下几点来确定方案：

①污染源、污染物等监测目标的确立。

②地下水的水文、地质资料的收集和社会调查。

③取样监测井的设置。在未受污染或受较少污染的地点设置一个背景监测井（在污染源上游方向）；根据污染物扩散形式在污染源周围或地下水下游方向设置若干取样监测井。

④当确定为点状污染源时，以污染源为顶点，采用向下游扇形布点法；当无法确定污染物扩散形式时，采用边长为 50~100 m 的网格布点法。

四、水污染源采样布点方案

水污染源分为工业废水和城市污水两大类，是造成水质污染的主要因素。水污染源采样布点方案的设计首先要进行原始资料的收集，通过现场实地考察调研，掌握废水、污水的排放量，污染物种类，排污口的数量和位置，是否经过水处理等基本状况。然后，确定采样监测点位、采样方法与技术、监测方法等具体技术方案。

（一）工业废水采样点位

1. 一类污染物

一类污染物（重金属、剧毒、致癌物等）在生产车间及设备的废水排放口直接采样。

2. 二类污染物

二类污染物（酸、碱、酚等）在工厂废水总排放口采样。

3. 已有废水处理设施的工厂

已有废水处理设施的工厂在废水进出口采样，以便监测生产废水、排放废水中的污染物状况和废水处理效果。

（二）城市污水采样点位

1. 城市污水管网

城市污水管网类型的在市政排污管线的检查井、城市主要排污口或总排污口处设置采样点。

2. 城市污水处理厂

城市污水处理厂类型的在污水处理厂（含医院污水处理站）进出口设置采样点。

江、湖、库、海等地表水，每年分为丰水、枯水、平水三个时期，每期监测两次；城区、工业区、旅游区、饮用水源河段等重要区域，每月监测一次；地下水分别在丰水期、枯水期监测，每期监测 2~3 次，每次间隔 10 d；工业废水每个生产周期内，间隔 2~4 h 监测 1 次；城市污水每天监测不少于 2 次，对于重点监测的污染源和水体应进行连续自动监测。

第三节　水样的采集和保存

一、水样类型

依据《水质　采样技术指导》（HJ 494—2009），将水样分为以下三类。

（一）瞬时水样

瞬时水样是在不同采样点、不同时间随机采集的水样，适于水质稳定的江河湖库及排污口的水样采集。通过多个瞬时水样的监测数据可以分析污染物随时空的变化规律。

（二）混合水样

混合水样是在同一采样点、不同时间多次采集的水样混合后的水样，也称时间混合水样。混合水样适合水体污染物总体平均水平的监测和水污染源监测。

（三）综合水样

在不同采样点、同一时间采集的水样混合为一个综合水样。综合水样适合水质稳定的水体，用于监测水体的整体污染状况。

二、水样采集

（一）地表水的水样采集

地表水的水样采集分为以下四种情况。

1. 表层水采集

表层水用洗净的塑料桶或玻璃瓶直接在水面下 0.5 m 处采集水样即可。

2. 深层水采集

深层水可用带有重锤、排气管和可拉动瓶塞的简易深水采水器沉入预定深度，拉开采水瓶的瓶塞后水自动灌满，也可用采水泵、自动采水器采样，如 788 型、806 型自动采水器等。

3. 急流水域采集

为防止急流水将采水器冲动，需将深层采水器的绳索换成长杆插入一定深度的水中采集水样；也可将深水采样器固定在铁柜中，沉入一定深度的水中采集水样。

4. 水下底泥采样

在与水样采集断面相同处，用管式或泥芯采样器插入底泥，采集 1 000 g 底泥样品。

（二）地下水的水样采集

对于监测井可用深层采水器或抽水泵提取水样；对于自来水、泉水可直接采集新鲜水样。

（三）污染源的废（污）水的水样采集

污染源的废（污）水可由排污口直接采集瞬时或混合水样。

三、水样保存

从监测现场的水样采集到监测站实验室进行样品分析，一般需要若干个小时。由于环境温度等因素的变化，水样在运输和保存期间会发生化学和生物等一系列反应，污染物可能会发生变化，因此，需要对采集的水样采取保护措施。即便如此，不同水样也只能在一定时间内有效。一般清洁水样可保存 72 h，轻污染水样可保存 48 h，重污染水样可保存 12 h。

水样保存方法分为物理冷藏和化学防护两大类。

（一）物理冷藏

将水样放于冰箱冷藏或冷冻保存，从而抑制微生物繁殖，减缓污染物的生物化学反应和物理挥发。

（二）化学防护

应将水样中添加各种化学试剂防止污染物发生生物或化学反应，如加酸、碱调节 pH 值，防止金属离子水解或可挥发物质挥发，加入氧化还原抑制剂防止发生氧化还原等，但加入化学防护剂需注意，不得干扰被测污染因子的测定，并需做空白实验。

四、水样预处理

环境水样所含组分复杂，而且待测组分浓度低、形态各异，同时存在大量干扰物质，因此，在分析检测水样前，需对水样进行预处理，以保证监测结果的有效、准确。

水样预处理通常分为水样过滤、水样消解、分离富集三大步骤。

（一）水样过滤

可采用 0.45 μm 滤膜过滤或离心分离的方法去除水中的固体悬浮物和藻类。

（二）水样消解

通过强酸、混酸或强碱对水样进行消解，使水样中存在的颗粒物、有机物中以化合态存在的金属元素分解出来，转化为易溶的单一价态的简单物质，以便检测。

（三）分离富集

通过挥发、蒸馏、萃取、离子交换等分离浓缩技术，使水样中待测组分与共存杂质和干扰物相分离，并达到浓缩样品、提高检测灵敏度和准确度的目的。蒸馏是最常用的分离方法，利用水样中各污染组分具有不同的沸点而使它们彼此分离，蒸馏分为常压蒸馏、减压蒸馏、水蒸气蒸馏、分馏法等。

第四节　水质物理性质监测

一、水温

水的物理化学性质与水温密切相关，如密度、黏度、pH 值、溶解氧、水生生物活动及水体自净的生物化学反应等。因此，水温是水质监测中的现场必测项目。

表层水水温测定，一般将普通温度计（灵敏度 0.1~0.2 ℃）在水面下 0.5 m 处测 3 min，读取水温值；深层水水温测定，需用数显温度计，并将温度传感器加长导线或用颠倒温度计深入水下测定。

二、色度、浊度、透明度

色度、浊度、透明度都是水质的感官指标，体现了被污染的水质与纯净水物理指标的差异。由于天然水中常含有生物色素、有色的金属离子，废（污）水中常含有有机或无机染料及生物色素等，使水体着色，影响水生生物的生长和感观。

（一）色度

水体颜色分为真色和表色。真色是指去除水中悬浮物的水体颜色；表色是未去除悬浮物的水体颜色。对于不同的水样分别采用铂钴标准比色法、稀释倍数法、分光光度法来测量。

1. 铂钴标准比色法

设定每升水中含 1 mg 铂和 0.5 mg 钴所具有的颜色为 1 个色度，称为 1 度。分别配制不同色度的标准色列，用水样与色列相比来确定水样的色度，此法适用于清洁的天然水、饮用水等。

2. 稀释倍数法

色度重的工业废水和生活污水，只能用文字描述其颜色，如深蓝色、暗紫色等，再逐级稀释至无色，并以其稀释倍数的大小来表示色度的深浅。

3. 分光光度法

清洁水样也可以采用国际照明委员会推荐的分光光度法，以色、明、纯三个参数更加精确、细致地表示水体色度。

（二）浊度

浊度是水中含有的泥沙、胶体物等悬浮物对光的吸收、散射及阻碍作用所造成水体浑浊不清的程度。监测方法有目视比浊法、分光光度法及浊度计法三种。

1. 目视比浊法

以通过 150 目（0.1 mm 粒径）筛孔的硅藻土（白陶土）配制浊度标准液，每升水含 1 mg 硅藻土（白陶土）时其浊度为 1 度，用水样与之目视比较，确定水样浊度，以反映悬浮物对光线的阻碍程度，单位为 NTU。

2. 分光光度法

当每升水含 0.125 mg 硫酸肼与 1.25 mg 六次甲基四胺聚合成白色高分子悬浮物时所产生的浊度为 1 度，体现悬浮物对光线的散色和吸收程度，单位为 NTU。

3. 浊度计法

通过测量水中悬浮物对 890 nm 波长红外线吸光度的大小来反映水的浊度。测定浊度时，必须将水样振荡摇匀后取样，对高浊度的水样应稀释后再测定。

（三）透明度

透明度是水的澄清程度。透明度综合反映了以悬浮物为主的浊度和以有色物质为主的色度对光线的阻碍和吸收作用。一般而言，浊度和色度高时，透明度低。测定透明度的方法有铅字法和塞氏盘法。

1. 铅字法

将水样注满 33 cm 高的具有刻度的无色玻璃桶，由上而下观测桶底的符号。当水位高度超过 30 cm 仍能看清水下符号时，为透明水样。当水样浑浊时，逐步降低水样高度，刚好看清水下符号时的水柱高度（以厘米计）即为水样透明度。

2. 塞氏盘法

在监测现场，将直径 200 mm 黑白相间的圆盘沉入水中，刚好看不到圆盘时的水深（以厘米计）即为水样透明度。

三、残渣

水中残渣分为不可滤残渣、可滤残渣和总残渣。残渣是影响水体浊度、色度及透明度的主要因素，是必测水质指标。

（一）不可滤残渣

取一定量水样于过滤器抽滤后得到固体物质，于 103~105 ℃烘干后称重，计算出每升水中含有的固体悬浮物的量。

（二）可滤残渣和总残渣

取一定量过滤后的滤液或原水样于恒重的表面皿中，于 103~105 ℃（或 180 ℃ ±2 ℃）温度下烧干、称重。用滤液可计算可滤残渣，由原水样可计算总残渣。

四、矿化度与电导率

水的矿化度与电导率均反映水中可溶性物质含量的多少，可溶性物质包含矿物质的各种盐类和酸碱物质。

矿化度测定是取一定水样于水浴蒸干后，再于 103~105 ℃烘至恒重，计算矿化度（单位 mg/L）。矿化度值与在水中烧干时的可滤残渣值相近。

电导率值是用电导仪测定的水样电导率的大小，表示水溶液传导电流的能力，间接地判断水样中无机酸、碱、盐等杂质含量的多少。纯水电导率很小，当水中含无机酸、碱或盐时，电导率增加。水样电导率值越大，说明水中杂质（酸碱盐离子）越多。因此，电导率常用于间接推测水中离子的总浓度。水溶液的电导率不仅取决于离子的性质和浓度，而且与溶液的温度和黏度等因素有关。当水溶性可解离的物质浓度较低时，电导率随浓度的增大而增加，因此常用电导率推测水中离子的总浓度或含盐量。

不同类型的水有不同的电导率，如新鲜蒸馏水电导率为 0.5~2.0 μS/cm，但放置一段时间后，因蒸馏水吸收了 CO_2，电导率便增加到 2~4 μS/cm；超纯水电导率小于 0.1 μS/cm；天然水电导率多在 50~500 μS/cm；矿化水为 500~1 000 μS/cm；含工业酸、碱、盐的工业废水电导率往往超过 10 000 μS/cm；海水的电导率约为 3 000 μS/cm。

由于电导是电阻的倒数，因此，当两个电极插入溶液中，可以测出两电极间的电阻 R。根据欧姆定律，当温度一定时，这个电阻值与电极的间距 L（cm）成正比，与电极的截面积 A（cm^2）成反比，即

$$R=\rho L/A$$

由于电极面积 A 和间距 L 都是固定不变的，故 L/A 是一常数，称为电导池常数（以 Q 表示）。比例常数 ρ 称为电阻率，其倒数 $1/\rho$ 称为电导率，以 K 表示。

$$S=I/R=I/（\rho Q）$$

式中，S 表示电导度，反映导电能力的强弱。当已知电导池常数并测出电阻后，即可求出电导率。

五、酸碱度与 pH 值

水中含有酸性或碱性物质的总量多少，称为水的酸度或碱度。酸性物质包括无机酸、有机酸、强酸弱碱盐等，在水溶液中离解出 H^+，呈现酸性；碱性物质包含无机碱、有机碱、强碱弱酸盐等，在水溶液中离解出 OH^-，呈现碱性。水体由于受到酸碱性物质的污染而呈现酸碱性，通常用 pH 值来表示，是监测水质最常用和重要的指标之一，也是水质监测的必测项目。饮用水 pH 值一般在 6.5~8.5 之间，地表水 pH 值在 6~9 之间。

水的 pH 值采用 pH 计测量法。通过玻璃电极的膜电位对 H^+ 活度的响应，显示其 pH 值。该方法灵敏、简便，适用于各种水样测定。测定水的酸度或碱度时，对于酸碱度大、色度和浊度小的水样可以分别用酸碱滴定法来测定。0.1 mol/L NaOH 滴定酸性水样时，用甲基橙做指示剂测定总酸度，用酚酞做指示剂测定强酸酸度；0.1 mol/L HCl 滴定碱性水样时，用甲基橙做指示剂测定总碱度，用酚酞做指示剂测定强碱碱度。

第五节 金属污染物监测

水中含有多种金属化合物，按照对人体健康的影响，一般分为常量元素、微量元素和有害的重金属元素。通常环境监测的重点是铜、铅、镉、铬、汞、砷等有害金属化合物。常用的分析方法为原子吸收法、分光光度法和冷原子吸收法。

一、原子吸收法（AAS）

原子吸收法是将经过消解、酸化等处理好的水样直接喷入火焰或注入石墨炉中，在其特征波长下测量其吸光度。

二、分光光度法（SP）

分光光度法测定金属化合物的原理是将水样中的金属化合物经过消解处理转为金属离子，加入某一显色剂使之与金属离子生成有色配合物，在最大吸收波长下测定其吸光度，根据 Lambert-Beer 定律进行定量分析。

$$A=\varepsilon bc$$

式中：A 为吸光度，无量纲；ε 为摩尔吸光系数，L/（mol·cm）；b 为光程长，cm；c 为金属物质的量浓度，mol/L。

（一）双硫腙分光光度法测定铅、锌、镉、汞

将水样金属化合物消解处理后，转化生成 Pb^{2+}、Zn^{2+}、Cd^{2+}、Hg^{2+}，可用 Me^{2+} 表示。在不同 pH 值和相应辅助试剂条件下，加入双硫腙试剂生成有色的有机螯合物，再由三氯甲烷或四氯化碳萃取后，在其相应的特征吸收波长下测定吸光度进行定量分析。

（二）二乙氨基二硫代甲酸银法测定砷

在碘化钾和二氯化锡作用下五价砷还原为三价砷，并在锌与盐酸产生的新生态氢作用下生成砷化氢气体，被吸收于二乙氨基二硫代甲酸银－三乙醇胺－氯仿溶液中，形成红色胶体银。在 510 nm 波长下，以氯仿为参比液测定其吸光度，由标准工作曲线法定量分析。该方法若用硼氢化钾代替锌产生新生态氢，则称

为硼氢化钾 -DDC 法；若用硝酸 - 硝酸银 - 聚乙烯醇 - 乙醇混合溶液吸收砷化氢，则生成黄色单质胶体银，在 400 nm 波长下测定吸光度，称为新银盐法。

三、冷原子吸收法

汞及其化合物在天然水中含量极少，但因其毒性和危害极大，所以在水质检测中要求很严。我国饮用水标准中汞含量应低于 0.001 mg/L，工业废水排放标准中汞含量应低于 0.05 mg/L。汞及其化合物最常用的检测方法是冷原子吸收法。

用冷原子吸收法监测就是先取一定量水样，在硫酸酸性介质中加入高锰酸钾，然后加热煮沸至水样澄清，再用盐酸羟胺还原过量的高锰酸钾。将水样消解后，各种形式的汞化合物都转化为二价汞离子，再由氯化亚锡还原为单质汞。最后利用汞在常温下易挥发的特点，由载气 N_2 将汞蒸气带出并通过测汞仪的测量池，测量由汞蒸气吸收 253.7 nm 紫外线而产生的吸光度，由标准工作曲线法定量分析。此法适用于轻度污染的水样，对重度污染的水样需要在硫酸和硝酸的混酸条件下，加入高锰酸钾和过硫酸钾消化汞化合物。

在冷原子吸收测汞仪的基础上，测量汞原子蒸气吸收 253.7 nm 紫外光产生的荧光强度，也可以定量分析水样中的汞。该方法称为冷原子荧光法。冷原子吸收荧光测汞仪与冷原子吸收测汞仪的不同之处在于将波长 253.7 nm 的紫外光作为激发光源，而测量的是汞原子受激发产生的荧光强度。冷原子吸收测汞仪则是直接测量汞蒸气对波长 253.7 nm 的紫外光的吸光度。两种方法的最低检测浓度均为 0.05 μg/L。

第六节　非金属污染物监测

一、氰化物

水体中的氰化物分为简单氰化物、配合氰化物和有机氰化物。因此，对氰化物的测定必须根据水样的具体情况进行蒸馏预处理，使各种形态的氰化物离解释放出 CN⁻，便于准确灵敏地测定。

（一）水样蒸馏预处理

水样在 pH 值为 4 的酸性介质中，加入酒石酸和硫酸锌并加热蒸馏，使易分解的简单氰化物和部分氰化配合物释放出 CN⁻，并以 HCN 的形式随水蒸气蒸馏出来被 NaOH 溶液吸收；若在 pH 值为 2 的强酸介质中，加入磷酸和 EDTA 加热蒸馏，此时，三种存在形式的氰化物都被分解释放出 CN⁻，并被 NaOH 溶液吸收，由此测定的是总氰。

（二）异烟酸－吡唑啉酮测定法

虽然测定高浓度氰化物废水可用硝酸银滴定法，但最常用的是异烟酸 - 吡唑啉酮分光光度法，该方法灵敏、准确，最低检测质量浓度为 0.004 mg/L。

取一定量蒸馏溶液，调节 pH 值至中性，加入氯胺 T，则氰离子被氯胺 T 氧化生成氯化氰（CNCl）。再加入异烟酸吡唑啉酮溶液，氯化氰与异烟酸作用经水解生成蓝色染料，在 638 nm 波长下测量其吸光度，以标准工作曲线法定量分析。

（三）吡啶－巴比妥酸测定法

在 pH 值中性条件下，氰离子被氯胺 T 氧化生成氯化氰，氯化氰再与吡唑反应生成戊烯二醛，戊烯二醛再与巴比氨酸发生缩合反应，生成红紫色染料。在 580 nm 波长下测量其吸光度，以标准工作曲线法定量分析。该方法最低检测浓度为 0.002 mg/L，检测上限为 0.45 mg/L。

二、氟化物

氟是人体必需的微量元素之一。饮用水中含氟量以 0.5~1.0 mg/L 为宜，氟化物的测定方法有氟离子选择电极法、离子色谱法和氟试剂分光光度法等。氟离子选择电极法选择性好，线性范围宽，适用于成分复杂的工业废水水样；离子色谱法快速、简便，已被国内外广泛采用。

（一）水样预处理

较清洁的天然水可直接测定，但大多数受污染的工业废水，为去除干扰和浓缩富集，水样都需进行蒸馏预处理。在强酸（如硫酸或高氯酸）介质下，水中氟化物以氟化氢和氟硅酸形式被蒸出后再被水吸收。

（二）测定方法

1. 氟离子选择电极法

氟离子选择电极法是以氟化镧（LaF_3）单晶敏感膜的传感器为指示电极，饱和甘汞电极为外参比电极，组成一个原电池。该原电池的电动势与氟离子活度的对数具有线性关系，符合能斯特方程的定量关系，并用精密酸度计（或毫伏计、离子计）测量两电极间的电动势，然后以标准曲线法或标准加入法求出氟离子的浓度。

当溶液中存在 F^- 时，就会在氟电极上产生电位响应，伏特计上的读数就是电池电动势（E）。

2. 离子色谱法

离子色谱法（IC）是利用离子交换原理，当水样中各种阴离子通过阴离子交换柱（分离柱）时，因与交换树脂的亲和力不同而逐步分离。彼此分离后的各种阴离子再流经阳离子树脂（抑制柱）时，被 Na_2CO_3—$NaHCO_3$ 洗脱下来，转化为等当量的酸，并由电导检测器检测流经电导池时的电量值，记录绘制离子色谱图。最后根据色谱峰的保留时间定性分析，根据峰高或峰面积定量分析。

三、硫化物

水中硫化物包含溶解性的 H_2S、HS^-、S^{2-} 和存在于悬浮物中能被酸溶解的金属硫化物及可以转化的有机硫化物、硫酸盐等。由于硫化物的不稳定性和挥发性，监测硫化物时应在采样现场固定水样中的硫化物。

（一）采样固定与预处理

采集水样特别是工业废水时，先将水样调至中性，再在每升水中加 2 mL 2 mol/L 的醋酸锌和 1 mL 1 mol/L NaOH 溶液，将硫化物固定在 ZnS 沉淀中。测量前将水样过滤，使 ZnS 沉淀分离，再将 ZnS 酸化溶解，定容待测。

（二）测定方法

对于低含量水样，采用亚甲蓝分光光度法测定。在 Fe^{3+} 的酸性介质中，S^{2-} 与对氨基二甲基苯胺反应，生成蓝色的亚甲基蓝染料，并于波长 665 nm 下测定吸光度。该方法测定范围为 0.02~0.80 mg/L。

第七节 营养盐——氮、磷化合物监测

水体中氮、磷化合物过多，会促使微生物大量繁殖，藻类及浮游植物迅速生长产生"赤潮"，发生水体富营养化，使水质腐臭、恶化。

一、含氮化合物

水体中含氮化合物存在有机氮、氨氮、亚硝酸盐氮、硝酸盐氮四种形态。含氮有机化合物（R—NH$_2$）进入水体中，在微生物作用下发生一系列复杂的生物化学反应，逐渐分解为简单的含氮化合物 NO$_2$，并随着水体的氧化还原条件分别转化为硝态氮或氨氮。

以 NH^{4+}、NH$_3$ 形态存在的含氮化合物，称为氨氮；以 NO$_2^-$、NO$_3^-$ 形态存在的含氮化合物，称为硝态氮；氨氮和有机氮，称为凯氏氮；氨氮、硝态氮和有机氮的总和，称为总氮。

（一）氨氮

水中氨氮以游离氨和离子氨的形态存在，二者的比例由水的 pH 值决定，并随 pH 值的变化而相互转化。水中氨氮主要来源于生活污水中的含氮有机物和焦化、合成氨及工业废水、农田排水等。氨氮的测定方法有分光光度法、氨气敏电极法和蒸馏滴定法三大类。

1. 分光光度法

（1）钠氏试剂光度法。

水样经预处理后，碘化汞与碘化钾在强碱介质中生成碘汞酸钾（钠氏试剂），再与氨生成橙色胶态化合物，并在 420 nm 最大吸收波长下测定其吸光度。该方法最低检出质量浓度为 0.025 mg/L，检测上限为 2 mg/L。

（2）水杨酸光度法。

在亚硝酸铁氰化钠作用下，氨与水杨酸和次氯酸反应生成蓝色化合物，在 697 nm 最大吸收波长下测定其吸光度。该方法最低检出质量浓度为 0.01 mg/L，检测上限为 1 mg/L，适于饮用水、地表水、生活污水及大部分工业废水中氨氮的测定。

2. 氨气敏电极法

氨气敏电极是由 pH 玻璃电极与 AgCl 参比电极构成的离子选择复合电极，内充 0.01 mg/L 氯化铵溶液。水样中氨通过疏水性电极半渗透膜，进入复合电极内充液引起 OH⁻ 离子浓度的变化，并由 pH 电极显示其电极电势的变化，由能斯特方程计算相应氨的浓度。该方法最低检出质量浓度 0.03 mg/L，检测上限为 1 400 mg/L，适用于色度、浊度较高的废（污）水。

3. 蒸馏滴定法

在 pH 值为 6.0~7.4 时蒸馏水样，蒸出的氨由硼酸溶液吸收。以甲基红 - 亚甲基蓝为指示剂，用硫酸标准溶液滴定至由绿变紫，由硫酸消耗量计算氨氮含量。

（二）亚硝酸盐氮

亚硝酸盐氮是含氮化合物相互转化的中间产物，在水中不稳定，富氧条件下易氧化成硝态氮，缺氧条件下易还原为氨态氮。亚硝酸盐分析方法有 N-（1- 萘基）乙二胺分光光度法或 α - 萘胺分光光度法、气相分子吸收光谱法等。

1. N–（1– 萘基）– 乙二胺分光光度法

在 pH 值为 2.0~2.5 的酸性介质中，亚硝酸根与对氨基苯磺酰胺生成重氮盐，再与 N-（1- 萘基)- 乙二胺偶尔生成红色偶氮染料，在 540 nm 波长下测定。该方法最低检测质量浓度 0.003 mg/L，检测上限为 0.2 mg/L。

2. α – 萘胺分光光度法

在 pH 值为 2.0~2.5 的酸性介质中，亚硝酸根与对氨基苯磺酰胺生成重氮盐，再与 α - 萘乙二胺偶尔生成红色偶氮染料，在 520 nm 波长下测定。

3. 气相分子吸收光谱法

在 0.15~0.30 mol/L 柠檬酸介质中，无水乙醇使亚硝酸盐分解成 NO_2，由空气载入气相分子吸收光谱仪的吸光管中，测定 NO_2 对来自锌空心阴极灯发射的 213.9 nm 波长产生的吸光度而定量分析。该方法最低检测质量浓度 0.000 5 mg/L，检测上限为 2 000 mg/L。

（三）硝酸盐氮

硝酸盐氮是含氮化合物分解转化的最稳定的氮化物，也是水体中最常见的氮化物存在形态。硝酸盐氮分析方法有酚二磺酸分光光度法、紫外分光光度法、气相分子吸收光谱法等。

1. 酚二磺酸分光光度法

在无水条件下，硝酸盐与酚二磺酸生成硝基二磺酸酚，再于碱性溶液中生成黄色的硝基酚二磺酸三甲盐，于最大吸收波长 410 nm 处测定吸光度。该方法最低检测质量浓度 0.02 mg/L，测定上限为 2.0 mg/L。该方法在存在 Cl^- 干扰时就加 $AgNO_3$ 消除；当质量浓度高于 2 mg/L 时，适量稀释或改为 480 nm 波长测定。

2. 紫外分光光度法

硝酸根在 220 nm 紫外波长下有特征吸收，但水中 CO_3^{2-}、HCO_3^- 及少量有机物在 220 nm 波长下也有干扰吸收。利用硝酸根在 275 nm 波长下无吸收，而上述干扰物有吸收（约为 220 nm 时的 1/2）这一特性，分别测定波长 220 nm、275 nm 处的吸光度，根据经验校正扣除干扰物质的吸收。

3. 气相分子吸收光谱法

在 2.5~5.0 mol/L 盐酸介质中，于（70±2）℃温度下用还原剂快速分解硝酸根，产生一氧化氮气体，并被空气载入气相分子光谱吸光管，测量一氧化氮对镉空心阴极灯发射的 214.4 nm 波长的吸光度，进行定量分析。该方法最低检测质量浓度 0.005 mg/L，测定上限为 10 mg/L。

（四）凯氏氮与总氮

凯氏氮是指以凯氏氮法测得的含氮量，包括氨氮和可以转化为氨盐的有机氮化物。此类有机氮化物包括蛋白质、氨基酸、肽、胨、核酸、尿素及有三价氮的有机氮化合物（不含叠氮化合物、硝基化合物等）。

在凯氏烧瓶中加入适量水样，再加入浓硫酸和硫酸钾催化剂。加热消解，使有机氮转化为氨，氨蒸出后被硼酸溶液吸收。根据含量的高低分别选用硫酸滴定高浓度样品或选用纳氏试剂光度法测定低浓度样品；若将水样先进行蒸馏除去氨氮，再进行凯氏氮测定，则测得的是有机氮含量。

$$总氮 = 有机氮 + 无机氮$$
$$= 有机氮 + 氨氮 + 亚硝酸盐氮 + 硝酸盐氮$$
$$= 凯氏氮 + 硝态氮$$

总氮是各种形态氮的总和，包括有机氮、氨态氮、硝态氮。总氮测定方法既可以分别测定凯氏氮和硝态氮，再加和计算出总氮含量；也可以在 120~124 ℃ 的碱性介质中用过硫酸钾将各种形态的氮化物全都氧化为硝酸盐，再用紫外分光光度法测定。

二、含磷化合物

水中的磷主要以磷酸盐和有机磷的形式存在，生活污水中总磷的质量浓度为 4~8 mg/L，是导致水体富营养化的主要因素之一。采用不同水样处理手段，可分别测得总磷、溶解性总磷、溶解性正磷酸盐的质量浓度。

（一）水样消解

水样可以采用过硫酸钾、硝酸 - 硫酸、硝酸 - 高氯酸三种消解方法处理，使各种形态的磷转化为磷酸盐形态。

（二）钼酸铵分光光度法

在酸性介质中，磷酸盐与钼酸铵反应生产淡黄色磷杂多酸。

第八节　有机污染物监测

水中有机污染物种类有成百上千种，在水中的含量及危害也有巨大差异。有机污染物主要重点监测挥发酚、油类污染物等。

一、挥发酚

水中酚类是多种酚的混合物，挥发酚是沸点在 230 ℃以下易于挥发的酚，而沸点在 230 ℃以上的酚为不挥发酚。对于低浓度的含酚天然水采用分光光度法分析，对于高浓度的含酚废水采用溴化滴定法分析。无论采用哪种分析方法，水样都应进行蒸馏预处理，这样既可以对色度、浊度及共存的干扰离子进行分离，又可以进一步浓缩富集。

（一）4- 氨基安替比林分光光度法

碱性条件下（pH 值为 9.8~10.2），在铁氰化钾催化作用下，苯酚与 4- 氨基安替比林生成红色吲哚酚安替比林染料，在 570 nm 波长下测定其吸光度。当酚质量浓度超过 0.1 mg/L 时，可直接测定，最低检测质量浓度为 0.1 mg/L；当酚质量浓度低于 0.1 mg/L 时，需采用氯仿萃取浓缩富集后在 460 nm 波长下测定，最低检测质量浓度为 0.002 mg/L，测定上限为 0.12 mg/L。

（二）溴化滴定法

由溴酸钾与溴化钾产生的溴与酚反应，生成三溴酚，并进一步生成溴代三溴酚。剩余的溴与碘化钾作用释放出游离碘，同时溴代三溴酚也与碘化钾反应置换出游离碘。用硫代硫酸钠标准溶液滴定游离的碘，并根据其消耗量计算出以苯酚计的挥发酚含量。

二、油类污染物

水中油类污染物分为矿物油和动植物油，二者分别来自工业废水和生活污水。油类在水体中以浮油和乳化油两种形态存在。浮油隔绝空气，使水体溶解氧减少；乳化油被微生物分解时，消耗水中溶解氧。

含油水样应进行萃取预处理。常用的萃取剂有石油硅、四氯化碳、乙烷等非极性溶剂。测定方法根据含油量多少选择：含量高选择重量法，含量低选择紫外分光光度法或红外分光光度法。石油和动植物油均可被四氯化碳萃取。

（一）重量法

以硫酸酸化水样，用石油硅萃取，然后用蒸发法去除石油硅，称量残渣，即可计算出含油量。该方法适用于含油 10 mg/L 以上的水样。

（二）紫外分光光度法

石油及产品含有的共轭双键一般在 215~230 nm 之间有吸收。原油有两个最大吸收波长，分别为 225 nm 和 254 nm，轻质油最大吸收波长在 225 nm。不同油品的特征吸收峰不同，对于实际水样的混合油品，可在 200~300 nm 之间测定吸收光谱，从而确定最佳吸收波长（一般在 220~225 nm 之间）。

（三）红外分光光度法

水样经四氯化碳萃取后分为两份。由于石油不被硅酸镁吸附，而动植物油可被硅酸镁吸附，因此一份用硅酸镁吸附脱除动植物油后测定石油类物质，另一份直接测定总油类。石油类和总油类测定波长分别为 2 930 cm^{-1}（—CH$_2$ 基团 C—H 键伸缩振动）、2 960 cm^{-1}（—CH$_3$ 基团的 C—H 键伸缩振动）、3 030 cm^{-1}（芳香环中 C—H 键伸缩振动）。由三个波长的吸光度计算含油量。总油量与石油量之差是动植物油含量。

第九节　有机污染物综合指标测定

有机化合物数目庞大，已达 700 万种，并且人工合成的有机物成千上万地迅速增加。因此，有机污染物是水污染的主要问题之一。由于有机污染物大多以碳水化合物、蛋白质、脂肪、氨基酸等形式存在，进入水体后便与溶解氧发生生物氧化降解反应。当水中溶解氧低于 4 mg/L 时，水生生物会因缺氧窒息死亡，水质恶化、腐臭。由于有机污染物种类多、成分复杂，无法对有机污染物进行全面分析来评价水体污染的程度。因此，在常规环境监测中，除对少数几个重点有机污染物进行专项监测外，通常采用有机污染物综合指标的测定来间接反映和评价水体有机污染的程度。这一综合指标体系主要以化学需氧量、生物需氧量、总需氧量及总有机碳来表示，其核心思想是通过化学氧化、生物氧化和燃烧氧化三种不同的氧化方式，将有机污染物在氧化过程中所消耗的氧化剂的量换算成氧的数量来表示有机污染物的数量，由此来反映和评价水体受有机物污染的程度。

一、溶解氧

溶解于水中的分子态氧称为溶解氧（DO）。水中溶解氧与水温、气压和含盐量等因素有关。一般情况下，溶解氧在纯净水中接近饱和（10~12 mg/L），大多数地表水中为 6~9 mg/L。由于水体受有机物污染时，水中溶解氧降低，因此测定水中溶解氧的多少可以间接地表示水中有机污染物的含量。测定溶解氧的方法主要有碘量法和氧电极法。

（一）碘量法

在采水样的同时加入碱性硫酸锰与碘化钾溶液，Mn^{2+} 与溶解氧发生氧化还原反应产生 $MnO(OH)_2$（棕色沉淀），使溶解氧以 $MnO(OH)_2$ 形态被固定于水中。当加酸溶解该沉淀后，释放出来的 Mn^{4+} 可以氧化碘中置换出与溶解氧等量的游离碘。以淀粉为指示剂，用硫代硫酸钠标准溶液滴定置换出来的游离碘，可计算出溶解氧的含量。

（二）氧电极法

溶解氧电极分为极谱型和原池型两种。最常用的极谱型氧电极，是在一空心壳体中装圆形铂阴极、环形银阳极、聚四氟乙烯薄膜，内充氯化钾溶液。当两极加上 0.5~0.8 V 固定极化电压时，水中溶解氧通过薄膜扩散，并在阴极上还原，产生与氧浓度成正比的扩散电流。

二、化学需氧量

在一定的条件下，氧化一升水中还原性物质所消耗氧化剂的量折算成氧的质量浓度来表示，称为化学需氧量（Chemical Oxygen Demand，COD）。化学需氧量表示水中含有多少还原性物质（主要是各种有机物和少量还原型无机物），从而反映水体受有机物污染的程度。COD 值是在某一限定条件下多种因素影响（如氧化剂种类、浓度、pH 值、加热时间等）的相对值。因此，只有在相同操作条件下，COD 值才具有可比性。根据采用的氧化剂不同，测定 COD 值的方法分为重铬酸钾法和高锰酸钾法。为了便于区别和应用，将重铬酸钾法测定的化学需氧量称为COD，适用于生活污水和工业废水的测定；将高锰酸钾法测定的化学需氧量，称为高锰酸盐指数，仅用于地表水、饮用水和生活污水。

（一）重铬酸钾法

水样在强酸介质下，在银盐催化作用下，加热回流 2 h。重铬酸钾充分氧化水样中的有机物后，过剩的重铬酸钾由硫酸亚铁铵标准溶液滴定至橙黄经蓝绿变红褐色为终点，由消耗的硫酸亚铁铵标液的用量计算 COD。

（二）高锰酸钾法

在酸性介质下，100 mL 水样加入定量且过量的高锰酸钾标准溶液，水浴加热 30 min。高锰酸钾充分氧化还原性物质后，过剩的高锰酸钾由草酸钠还原。过量的草酸钠再由高锰酸钾标准溶液回滴至微红。根据高锰酸钾的用量计算高锰酸盐指数。

三、生化需氧量

在有氧条件下，好氧微生物在分解有机物的生化降解反应过程中所消耗水中溶解氧的量，称为生化需氧量（Biochemical Oxygen Demand，BOD）。生化降解是一个缓慢、温和的分解过程，分为碳化和硝化两个阶段。第一阶段是含碳有机物分解为二氧化碳和水的碳化阶段，一般为 5~7 d 完成；第二阶段是含氮有机物分解为亚硝酸盐和硝酸盐的硝化阶段，通常需几十天甚至上百天才能完成，并且硝化阶段相对于碳化阶段耗氧量极少，一般忽略硝化阶段的影响。规定将在 20 ℃、120 h 水样培养过程中的耗氧量作为生化需氧量，以 BOD_5 表示。

BOD 微生物电极的实质是由溶解氧电极与半透气的微生物膜构成的。当水样中溶解氧分子透过微生物膜扩散到电极中时，微生物电极输出一个稳态的电流。当有机物与氧分子同时扩散到微生物膜时，由于膜上的微生物对有机物的同化作用而耗氧，使扩散到氧电极表面的氧分子减少，导致电极输出电流减少。电极输出电流的降低值与水中 BOD 物质的浓度在一定范围内呈线性关系。微生物电极测定仪经标准 BOD 物质校正后，可直接显示水样的 BOD 值。

第二章　大气环境监测

在当前的社会经济环境下，环境污染问题日益严峻，已经成为全球关注的问题，为了保护人类共同生存的环境，保障人们的生命健康安全，促进社会与经济的可持续发展，需要加大大气环境监测力度。本章主要对大气环境监测及监测设备展开讲述。

第一节　大气污染基本知识

一、大气污染源

大气污染源可分为自然污染源和人为污染源两种。自然污染源是由自然现象造成的，如火山爆发时喷射出大量粉尘、二氧化硫气体等；森林火灾产生大量二氧化碳、碳氢化合物、热辐射等。人为污染源是由人类的生产和生活活动造成的，是空气污染的主要来源，主要有以下几种。

1. 工业企业排放的废气

在工业企业排放的废气中，排放量最大的是以煤和石油为燃料，在燃烧过程中排放的粉尘、二氧化硫、一氧化碳、二氧化碳、氮氧化物等，其次是工业生产过程中排放的多种有机和无机污染物质。

2. 交通运输工具排放的废气

这主要是车辆、轮船、飞机排出的废气，其中，汽车数量最大，并且集中在城市，故对空气质量特别是城市空气质量影响大，是一种严重的空气污染源，其排放的主要污染物有碳氢化合物、一氧化碳、氮氧化物和黑烟等。

3. 室内空气污染源

随着人们生活水平的不断提高，加上信息技术的飞速发展，人们在室内活动的时间越来越长，据统计，现代人特别是生活在城市中的人 80% 以上的时间是在室内度过的。

因此，近年来对建筑物室内空气质量（IAQ）的监测及评估，在国内外引起广泛重视。据测量，室内污染物的浓度高于室外污染物浓度 2~5 倍。室内环境污染直接威胁着人们的身体健康，流行病学调查表明：室内环境污染将提高急性、慢性呼吸系统障碍疾病的发生率，特别是使肺结核、鼻咽癌、喉癌、肺癌、白血病等疾病的发生率、死亡率上升，导致社会劳动效率降低。室内污染的来源是多方面的，如含有过量有害物质的化学建材大量使用、装修不当、高层封闭建筑新风不足、室内公共场合人口密度过高等，使室内污染物质难以被充分稀释和置换，从而引起室内环境污染。

室内空气污染来源如下：化学建材和装饰材料中的油漆胶合板、内墙涂料、刨花板中含有的挥发性的有机物，如甲醛、苯、甲苯、氯仿等有毒物质；大理石、地砖、瓷砖中的放射性物质的排放；烹饪、吸烟等室内燃烧所产生的油、烟污染物质；人群密集且通风不良的封闭室内二氧化碳过高；空气中的霉菌、真菌和病毒等。

（1）室内空气污染的分类。

①化学性污染：甲醛、总挥发有机物。

②物理性污染：PM2.5、电磁辐射等。

③生物性污染：霉菌、真菌、细菌、病毒等。

④放射性污染：氢气及其子体。

发达国家对室内空气质量均制定了标准、规范、标准监测方法和评估体系等。我国也开展了这方面的工作，颁布实施控制室内环境污染的工程设计强制性标准，包括《民用建筑工程室内环境污染控制规范》（GB 50325—2010）和《室内空气质量标准》（GB/T 18883—2022）等 10 项标准，并配套规定相应的采样、监测方法。

（2）室内空气的质量表征。

①有毒、有害污染因子指标：有毒、有害污染因子指标在《室内空气质量标准》中规定了最高允许量。

②舒适性指标：舒适性指标包括室内温度、湿度、大气压、新风量等，它属于主观性指标，与季节和人群生活习惯等有关。

二、空气中的污染物及其存在状态

空气中污染物的种类有数千种，已发现有危害作用而被人们注意到的就有100多种。我国《大气污染物综合排放标准》规定了33种污染物排放限值。根据空气污染物的形成过程，可将其分为一次污染物和二次污染物。

一次污染物是直接从各种污染源排放到空气中的有害物质，常见的主要有二氧化硫、氮氧化物、一氧化碳、碳氢化合物、颗粒性物质等。颗粒性物质中包含苯并芘等强致癌物质、有毒重金属、多种有机化合物和无机化合物等。

二次污染物是一次污染物在空气中相互作用或它们与空气中的正常组分发生反应所产生的新污染物。这些新污染物与一次污染物的化学、物理性质完全不同，多为气溶胶，具有颗粒小、毒性大等特点。常见的二次污染物有硫酸盐、硝酸盐、臭氧、醛类（乙醛和丙烯醛等）、过氧乙酰硝酸酯（PAN）等。

空气中的污染物质的存在状态是由其自身的理化性质及形成过程决定的，气象条件也起一定的作用。一般将它们分为分子状态污染物和粒子状态污染物两类。

（一）分子状态污染物

某些物质如二氧化硫、氮氧化物、一氧化碳、氧化氢、氯气、臭氧等沸点都很低，在常温、常压下以气体分子形式分散于空气中。还有些物质，如苯、苯酚等，虽然在常温、常压下是液体或固体，但因为其挥发性强，所以能以蒸气态进入空气中。

无论是气体分子还是蒸气分子，都具有运动速度较大、扩散快、在空气中分布比较均匀的特点。它们的扩散情况与自身的密度有关，密度大者向下沉降，如汞蒸气等；密度小者向上飘浮，并受气象条件的影响，可随气流扩散到很远的地方。

（二）粒子状态污染物

粒子状态污染物（或颗粒物）是分散在空气中的微小液体和固体颗粒，粒径多在 0.01~100.00 μm，是一个复杂的非均匀体系。通常根据颗粒物在重力作用下的沉降特性将其分为降尘和可吸入颗粒物。粒径大于 10 μm 的颗粒物能较快地沉降到地面上，称为降尘；粒径小于 10 μm 的颗粒物（PM10）可长期飘浮在空气中，称为可吸入颗粒物或飘尘（IP）。粒径小于 2.5 μm 的颗粒物（PM2.5）能够直接进入支气管，干扰肺部的气体交换，引发哮喘、支气管炎和心血管病等。空气污染常规测定项目中的总悬浮颗粒物（TSP）是粒径小于 100 μm 颗粒物的总称。

可吸入颗粒物具有胶体性质，故又称气溶胶，它易随呼吸进入人体肺脏，在肺泡内积累，并可进入血液输往全身，对人体健康危害大。通常所说的烟、雾、灰尘也是用来描述颗粒物存在形式的。

某些固体物质在高温下由于蒸发或升华作用变成气体逸散于空气中，遇冷后又凝聚成微小的固体颗粒悬浮于空气中构成烟。例如，高温熔融的铅、锌可迅速挥发并氧化成氧化铅和氧化锌的微小固体颗粒。烟的粒径一般在 0.01~1.00 μm。

雾是由悬浮在空气中微小液滴构成的气溶胶，按形成方式可分为分散型气溶胶和凝聚型气溶胶。常温状态下的液体，由于飞溅、喷射等被雾化而形成微小雾滴分散在空气中，构成分散型气溶胶。液体因为加热变成蒸汽逸散到空气中，遇冷后又凝集成微小液滴形成凝聚型气溶胶。雾的粒径一般在 10 μm 以下。

通常所说的烟雾是烟和雾同时构成的固、液混合态气溶胶，如硫酸烟雾、光化学烟雾等。硫酸烟雾主要是由燃煤产生的高浓度二氧化硫和煤烟形成的，二氧化硫经氧化剂、紫外光等因素的作用被氧化成三氧化硫，三氧化硫与水蒸气结合形成硫酸烟雾。当空气中的氮氧化物、一氧化碳、碳氢化合物达到一定浓度时，在强烈阳光的照射下就会发生一系列光化学反应，形成臭氧、PAN 和醛类等物质悬浮于空气中而形成光化学烟雾。

尘是分散在空气中的固体微粒，如交通车辆行驶时所带起的扬尘、粉碎固体物料时所产生的粉尘、燃煤烟气中的含碳颗粒物等。

第二节　大气污染监测方案的制定

制定大气污染监测方案，首先要根据监测的数据进行调查研究，收集必要的基础材料，然后经过综合分析，确定监测项目，设计布点网络，选定采样频率、采样方法和监测技术，建立质量保证程序，提出监测结果报告要求及制订进度计划。

一、基础资料的收集

收集的基础资料主要有污染源分布及排放情况、气象资料、地形资料、土地利用和功能分区情况、人口分布及人群健康情况等。

（一）污染源分布及排放情况

污染源分布调查就是将监测区域内的污染源类型、数量、位置、排放的主要污染物及排放量调查清楚，同时了解所用原料、燃料及消耗量，要特别注意排放高度低的小污染源，它们对周围地区地面、大气中污染物浓度的影响要比大型工业污染源大。

（二）气象资料

污染物在大气中的扩散、输送和一系列的物理、化学变化很大程度上取决于当地的气候条件。因此，要收集监测区域的风向、风速、气温、气压、降水量、日照时间、相对湿度、温度的垂直梯度和逆温层底部高度等资料。

（三）地形资料

地形对当地的风向、风速和大气稳定情况等有影响。因此，设置监测网点时应该考虑地形的因素。例如，一个工业区建在不同的地区，对环境的影响会有显著的差异，不同的地理环境会有不同。在河谷地区出现逆温层的可能性较大，在丘陵地区污染物浓度梯度会很大，在海边、山区影响也是不同的。所以，监测区域的地形越复杂，要求布设的监测点越多。

（四）土地利用和功能分区情况

监测地区内土地利用情况及功能区划分也是设置监测网点应考虑的重要因素之一，不同功能区的污染状况是不同的，如工业区、商业区、混合区、居民区等。

（五）人口分布及人群健康情况

环境保护的目的是维护自然环境的生态平衡，保护人群的健康，因此，掌握监测区域的人口分布、居民和动植物受大气污染危害情况及流行性疾病等资料，对制定监测方案、分析判断监测结果是有益的。

对于相关地区及周边地区的大气资料，如有条件也应收集、整理，供制定监测方案时参考。

二、监测项目的确定

存在于大气中的污染物质多种多样，应根据优先监测的原则，选择那些危害大、涉及范围广、已建立成熟的测定方法并有标准可比的项目进行监测。美国提出空气中43种优先监测污染物；我国在居民区大气中有害物质最高容许浓度中规定了34种有害物质的极限。对于大气环境污染例行监测项目，各国大同小异。

三、采样点的布设

环境空气中污染物的监测是大气污染物监测的常规监测。为了获得高质量的大气污染物数据，必须考虑多种因素，采集有代表性的试样，然后进行分析测试。主要因素有采样点的选择、采样物理参数的控制等。

（一）采样点布设原则

环境空气采样点（监测点）的位置主要依据《环境空气质量监测规范》（试行）中的要求布设，常规监测的目的：一是判断环境大气是否符合大气质量标准，或改善环境大气质量的程度；二是观察整个区域的污染趋势；三是开展环境质量识别，为环境科学研究提供基础资料和依据。监测（网）点的布设方法有经验法、统计法、模式法等。监测点的布设要使监测大气污染物所代表的空间范围与监测站的监测任务相适应。

经验法布点采样的原则和要求：采样点应选择整个监测区域内有不同污染物的地方；采样点应选择在有代表性的区域内，按工业密集的程度、人口密集程度、城市和郊区，增设采样点或减少采样点；采样点要选择开阔地带，要选择风向的上风口；采样点的高度由监测目的而定，一般为离地面1.5~2.0 m，连续采样例行监测采样口高度应距地面3~15 m，或设置于屋顶；各采样点的设置条件要尽可能一致，或按标准化规定实施，使获得的数据具有可比性；采样点应满足网络要求，便于自动监测。

（二）采样布点方法

采样点的设置数目要与经济投资和精度要求相应的效益指数适应，应根据监测范围大小，污染物的空间分布特征、人口分布及密度、气象、地形及经济条件等因素综合考虑确定。

（1）功能区布点法。这种方法多用于区域性常规监测。布点时先将监测地区按环境空气质量标准划分成若干"功能区"，再按具体污染情况和人力、物力条件，在各功能区设置一定数量的采样点。各功能区的采样点不要求平均，一般在污染较集中的工业区和人口较密集的区域多设点。

（2）网格布点法。这种方法是将监测区域地面划分成均匀的网状方格，采样点设在两条线的交叉处或方格中心。网格大小视污染源强度、人口分布及人力、物力条件等确定，如主导风向明显，下风向设点应多一些，一般约占采样总数的60%。网格划分越小，监测结果越接近真值，监测效果越好。网格布点法适用于有多个污染源，且污染分布比较均匀的地区。

（3）同心圆布点法。这种方法主要用于多个污染源构成的污染群，且大污染源较集中的地区。先找出污染群的中心，以此为圆心在地面上画若干个同心圆，再从圆心作若干条放射线，将放射线与圆周的交点作为采样点。不同圆周上的采样数目不一定相等或均匀分布，常年主导风向的下风向要比上风向多设一些点。

（4）扇形布点法。这种方法适用于主导风向明显的地区，或孤立的高架点源，以点源为顶点，呈 45° 扇形展开，采样点在距点源不同距离的若干弧线上。扇形布点法主要用于大型烟囱排放污染物的取样，烟囱高度越高，污染面越大，此时采样点就要增多。

四、采样时间和频率

采样时间是指每次采样从开始到结束所经历的时间，也称采样时段。采样频率是指在一定时间范围内的采样次数。这两个参数要根据监测目的、污染物分布特征及人力、物力等因素决定。

（一）采样时间

采样时间短，试样缺乏代表性，监测结果不能反映污染物浓度随时间的变化，仅适用于事故性污染、初步调查等情况的应急监测。为增加采样时间，目前采用的方法是使用自动采样仪器进行连续自动采样，若再配上污染组分连续或间歇自动监测仪器，监测结果能更好地反映污染物浓度的变化，可以得到任何一段时间的代表值（平均值）。这是最佳的采样和测定方式。

（二）采样频率

采样频率安排合理、适当，积累足够多的数据，则具有较强的代表性。提高采样频率，即每隔一定时间采样测定一次，取多个试样测定结果的平均值为代表值。例如，每个月采样一天，而一天内间隔等长时间采样测定一次，求出日平均、月平均监测结果。这种方法适用于受人力、物力限制而进行人工采样测定的情况，是目前进行大气污染常规监测、环境质量评价现状监测等广泛采用的方法。

显然，连续自动采样监测频率可以选得很高，采样时间可以很长，如一些发达国家为监测空气质量的长期变化趋势，要求计算年平均值的累积采样时间达到6 000 h。

第三节　环境空气样品的采集和采样设备

一、采集方法

根据被测物质在空气中存在的状态和浓度及所用分析方法的灵敏度，可选择不同的采样方法。采集空气样品的方法一般分为直接采样法和富集采样法两大类。

（一）直接采样法

直接采样法一般用于空气中被测污染物浓度较高或者所用的分析方法灵敏度高，直接进样就能满足环境监测的要求，如用氢焰离子化监测器测定空气中的苯系物、置换汞法测定空气本底中的一氧化碳等。用这类方法测得的结果是即时或者短时间内的平均浓度，用它可以比较快地得到分析结果。直接采样法常用的采样容器有注射器、塑料袋、真空瓶（管）和一些固定容器等。这种方法具有经济和简便的特点。

（1）注射器采样法，即将空气中被测物采集在100 mL注射器中的方法。采样时，先用现场空气抽洗2~3次，然后抽取空气样品100 mL，密封进样口，带回实验室进行分析。采集的空气样品要立即进行分析，最好当天处理完毕。注射器采样法一般用于有机蒸气的采样。

（2）塑料袋采样法，即将空气中被测物质直接采集在塑料袋中的方法。此种方法需要注意所用塑料袋不应与所采集的被测物质起化学反应，也不应对被测物质产生吸附和出现渗漏现象。常用塑料袋有聚乙烯袋、聚四氟乙烯袋及聚酯袋等，为减少对待测物质的吸附，有些塑料袋内壁衬有金属膜，如衬银、铝等。采样时用双连球打入现场空气，冲洗 2~3 次，然后再充满被测样品，夹住进气口，带回实验室进行分析。

（3）采气管采样法，采气管是两端具有旋塞的管式玻璃容器，其容积为 100~500 mL。采样时，打开两端旋塞，将抽气泵接在管的一端，迅速抽进比采气管体积大 6~10 倍的欲采气体，使气管中的原有气体被完全置换出来，然后关上两端旋塞，采气体积即为采气管的容积。

（4）真空瓶（管）采样法，即将空气中被测物质采集到预先抽成真空的玻璃瓶或玻璃采样管中的方法。所用的采样瓶（管）必须是用耐压玻璃制成的，一般容积为 500~200 mL。

抽真空时，瓶外面应套有安全保护套，一般抽至剩余压力为 1.33 kPa 左右即可，如瓶中预先装好吸收液可抽至溶液冒泡为止。采样时，在现场打开瓶塞，被测空气即充进瓶中，关闭瓶塞，带回实验室分析。采样体积为真空采样瓶（管）的体积。如果真空度达不到 1.33 kPa，那么采样体积的计算应扣除剩余压力。

（二）富集采样法

当空气中被测物质浓度很低而所用分析方法又不能直接测出其含量时，需用富集采样法进行空气样品的采集。富集采样的时间一般都比较长，所得的分析结果是在富集采样时间内的平均浓度，这更能反映环境污染的真实情况。

富集采样法有溶液吸收法、填充柱阻留法（固体阻留法）、滤料阻留法、低温冷凝法等。在实际应用时，可根据监测目的和要求、污染物的理化性质、在空气中的存在状态以及所用的分析方法来选择。

（1）溶液吸收法。溶液吸收法是用吸收液采集空气中气态、蒸气态的物质以及某些气溶胶的方法。当空气样品进入吸收液时，气泡与吸收液界面上的监测物质分子由于溶解作用或化学反应，很快地进入吸收液中。同时气泡中间的气体分子因存在浓度梯度和运动速度极快，能迅速地扩散到气液界面上，因此，整个气泡中被测物质分子很快地被溶液吸收。各种气体吸收管就是利用这个原理设计出来的。

理想的吸收液应是理化性质稳定，在空气中和在采样过程中自身不会发生变化，挥发性小，并能够在较高温度下经受较长时间采样而无明显的挥发损失，有选择性地吸收，吸收效率高，能迅速地溶解被测物质或与被测物质起化学反应的液体。最理想的吸收液中就含有显色剂，边采样边显色，不仅采样后即可比色定量，而且可以控制采样的时间，使显色强度恰好在测定范围内。常用的吸收液有水溶液和有机溶剂等。吸收液的选择是根据被测物质的理化性质及所用的分析方法而定的。

吸收液的选择原则是：与被采集的物质发生化学反应快或对其溶解度大；污染物质被吸收液吸收后，要有足够的稳定时间，以满足分析测定所需时间的要求；污染物质被吸收后，应有利于下一步分析测定，最好能直接用于测定；吸收液毒性小、价格低、易于购买，且尽可能可回收利用。

①气泡吸收管。气泡吸收管适用于采集气态和蒸气态物质，对于气溶胶态物质，因不能像气态分子那样快速扩散到气液界面上，故吸收效率差。

②冲击式吸收管。冲击式吸收管适合采集气溶胶态物质。因为该吸收管的进气管喷嘴孔径小，距离瓶底又很近，当被采气样快速从喷嘴喷出冲向管底时，气溶胶颗粒因惯性作用冲击到管底被分散，所以易被吸收液吸收。

③多孔筛板吸收管（瓶）。气样通过吸收管（瓶）的筛板后，被分散成很小的气泡，且阻留时间长，大大增加了气液接触面积，从而增强了吸收效果。其除适合采集气态和蒸气态物质外，也能采集气溶胶态物质。

（2）填充柱阻留法。填充柱是用一根长 6~10 cm、内径 3~5 mm 的玻璃管或塑料管，内装颗粒状填充剂制成的。采样时，让气样以一定流速通过填充柱，欲测组分因吸附溶解或化学反应等作用被阻留在填充剂上，达到浓缩采样的目的。采样后，通过解吸或溶剂洗脱，被测组分从填充剂上释放出来进行测定。根据填充剂阻留作用的原理，填充柱可分为吸附型、分配型和反应型三种类型。

吸附型填充柱的填充剂是颗粒状固体吸附剂，如分子筛、高分子多孔微球等。在选择吸附剂时，既要考虑吸附效率，又要易于解吸测定。

分配型填充柱的填充剂是表面涂有高沸点有机溶剂（如异十三烷）的惰性多孔颗粒物（如硅藻土），类似于气液色谱柱中的固定相，只是有机溶剂的用量比色谱固定相大。当被采集气样通过填充柱时，在有机溶剂（固定液）中分配系数大的组分保留在填充剂上而被富集。

反应型填充柱的填充剂是由惰性多孔颗粒物（如石英砂、玻璃微球等）或纤维状物（如滤纸、玻璃棉等）表面涂渍能与被测组分发生化学反应的试剂制成的。

气样通过填充柱时，被测组分在填充剂表面因发生化学反应而被阻留。

（3）滤料阻留法。该方法是将过滤材料（滤纸、滤膜等）放在采样夹上，用抽气装置抽气，则空气中的颗粒物被阻留在过滤材料上，称量过滤材料上富集的颗粒物质量，根据采样体积，即可计算出空气中颗粒物的浓度。

（4）低温冷凝法。空气中某些沸点比较低的气态污染物质，如烯烃类、醛类等，在常温下用固体填充剂的方法富集效果不好，而低温冷凝法可提高采集效率。低温冷凝采样法是将 U 形或蛇形采样管插入冷阱中，当空气流经采样管时，被测组分因冷凝而凝结在采样管底部。如用气相色谱法测定，可将采样管与仪器进气口连接，移去冷阱，在常温或加热情况下汽化后进入仪器测定。

收集器是阻留捕集空气中欲测污染物的装置，包括前面介绍的气体吸收管（瓶）、填充柱、滤料冷凝采样管等。

流量计是采样时测定气体流量的装置。常用的流量计有皂膜流量计、孔口流量计、转子（浮子）流量计、湿式流量计、临界孔稳流计和质量流量计等。皂膜流量计常用于校正其他流量计。转子流量计具有简单轻便、较准确等特点，常为各种空气采样仪器所采用。

空气监测中除少数项目（如降尘等）不需动力采样外，绝大部分项目的监测采样都需采样动力。采样动力为抽气装置，最简易的采样动力是人工操作的抽气筒、注射器等，而通常所说的采样动力是指采样仪器中的抽气泵部分。抽气泵有真空泵、刮板泵、薄膜泵和电磁泵等。

二、采样效率及评价

采样方法或采样器的采样效率是指在规定的采样条件（如采样流量、污染物浓度范围、采样时间等）下所采集到的污染物量占总量的百分数。采样效率评价方法通常与污染物在空气中的存在状态有很大关系。不同的存在状态有不同的评价方法。

1. 采集气态和蒸气态污染物质效率的评价方法

采集气态和蒸气态的污染物常用溶液吸收法和填充柱阻留法。效率评价有绝对比较法和相对比较法两种。

（1）绝对比较法。精确配制一个已知浓度为 C_0 的标准气体，然后用所选用的采样方法采集标准气体，测定其浓度，比较实测浓度 C_1 和配气浓度 C_0，其采

样效率 K 为

$$K = \frac{C_1}{C_0} \times 100\%$$

用这种方法评价采样效率虽然比较理想，但是配制已知浓度的标准气体有一定困难，实际应用时受到限制。

（2）相对比较法。配制一个恒定浓度的气体，而其浓度不一定要求准确已知。然后用 2~3 个采样管串联起来采集所配制的样品。采样结束后，分别测定各采样管中污染物的含量，计算第一个采样管含量占各管总量的百分数，其采样效率 K 为

$$K = \frac{C_1}{C_1 + C_2 + C_3} \times 100\%$$

式中：C_1、C_2、C_3 分别为第一、第二和第三个采样管中污染物的实测浓度。

用此法计算采样效率时，要求第二管和第三管的浓度之和与第一管比较是极小的，这样三个管所测得的浓度之和就近似于所配制的气样浓度。一般要求 K 值在 90% 以上。有时还需串联更多的吸收管采样，以期求得与所配制的气样浓度更加接近。采样效率过低时，应更换采样管、吸收剂或降低抽气速度。

2. 采集颗粒物效率的评价方法

采集颗粒物效率的评价有两种表示方法：一种是颗粒采样效率，即所采集到的颗粒数占总的颗粒数的百分数；另一种是质量采样效率，即所采集到的颗粒物质量占颗粒物总质量的百分数。只有当全部颗粒大小相同时，这两种采样效率才在数值上相等。但是，实际上这种情况是不存在的。粒径几微米以下的极小颗粒在颗粒数上总是占绝大部分，而按质量计算却只占很小部分，所以质量采样效率总是大于颗粒采样效率。在空气监测中，评价采集颗粒物方法的采样效率多用质量采样效率表示。

评价采集颗粒物方法的效率与评价气态和蒸气态的采样方法有很大的不同。一是配制已知浓度标准颗粒物在技术上比配制标准气体要复杂得多，而且颗粒物粒度范围也很大，所以很难在实验室模拟现场存在的气溶胶各种状态；二是用滤料采样就像一个滤筛一样，能漏过第一张滤料的细小颗粒物，也有可能会漏过第二张或第三张滤料，所以用相对比较法评价颗粒物的采样效率有困难。鉴于以上情况，评价滤料的采样效率一般用另一个已知采样效率高的方法同时采样，或串联在其后面进行比较得出。颗粒采样效率常用一个灵敏度很高的颗粒计数器测量

进入滤料前后的空气中的颗粒数来计算。

三、采气量的确定、采样记录和浓度表示

（一）采气量的确定

每一个采样方法都规定了一定的采气量，采气量过大或过小都会影响监测结果。一般来讲，分析方法灵敏度较高时，采气量可小些，反之则需加大采气量。当现场污染物浓度不清楚时，采气量和采样时间应根据被测物质在空气中的最高允许浓度和分析方法的检出限来确定。最小采气量是保证能够测出最高允许浓度范围所需的采样体积。

（二）采样记录

采样记录与实验室分析测定记录同等重要。在实际工作中,不重视采样记录,往往会由于采样记录不完整而使一大批监测数据无法统计而作废。所以,必须给予高度重视。采样记录的内容有：所采集样品被测污染物的名称及编号；采样地点和采样时间；采样流量、采样体积及采样时的温度和空气压力；采样仪器、吸收液及采样时的天气状况及周围情况；采样者、审核者姓名。

（三）浓度表示

1. 浓度的表示方法

空气中污染物浓度的表示方法有以下两种：一种是以单位体积内所含的污染物的质量数来表示，常用 mg/m^2 或 $\mu g/m^2$ 来表示；另外一种是以污染物体积与气样总体积的比值表示，常用 $\mu L/L$、nL/L 或 pL/L 表示。

2. 空气体积的换算

根据气体状态方程式可知，气体体积受温度和空气压力影响。为了使计算出的浓度具有可比性，要将采样体积换算成标准状态下的采样体积。

四、大数据在环境监测中的应用与创新

（一）环境监测大数据应用优势

从环境监测的角度来看，大数据的应用优势表现在以下四个方面。

第一，提升生态环境综合的预警能力。过去有些人认为环境监测就是提供数

据，实际上环境监测还提供数据的分析。我们可以在环境监测的基础上为生态环境变化、自然灾害以及环境的应急提出预警。

第二，提升环境保护的科学决策水平。过去环境保护决策很大一部分依赖于对基础设施的管理，对于数据的应用是比较少的。如何运用环境监测的数据来帮助政府部门执法，提高环境监管的能力，这方面的决策水平要进一步提高。

第三，提高环境健康风险评价的能力。环境健康关系到每一个人，每个人都应注意防范健康风险，对于风险的评价要通过数据分析确定。环境大数据的可视化能力能够为人们展示环境风险与健康之间的关系，因此受到广泛关注。

第四，提升公众的环境服务能力。公众对环境的关注是通过环保部门和与环保相关的企业公布的环境数据以及他们的知晓能力去评价结果，同时公众也可以参与到环境管理当中。大数据可以把环境监测数据广泛推给公众，并利用物联网、云计算，为公众提供一个非常好的、能够互动的环境监管平台。

（二）环境监测大数据关键技术

以大数据促进精准化环境管理为目标，以大数据促进环境监测和环境监察执法为导向，充分利用卫星遥感、环境政务、物联网和互联网等多源数据，将多元数据融合技术及大数据分析挖掘技术应用于大气、水、土壤、生态环境监测，支撑和创新环境监察执法方式，提高环境监管的有效性和精准性，支撑环境监察执法从被动响应向主动查究违法行为转变。

第四节　大气颗粒物污染源样品的采集及处理

对环境样品的采集技术已经发展得比较成熟，并提出了相关的标准和质量保证或质量控制措施。与环境样品的采集相比较，源样品的采集有自己的特殊性。

一、大气颗粒物排放源分类

大气颗粒物排放源分类大致如下：土壤风沙尘、海盐粒子、燃煤飞灰、燃油飞灰、汽车尘、道路尘、建筑材料尘、冶炼工业粉尘、植物尘、动物焚烧尘、烹调油烟、城市扬尘等。

二、源样品采集原则

有些源类的构成物质在向受体排放时，主要经历物理变化过程，如海盐粒子、火山灰、风沙土壤、植物花粉等。采集这类源样品时，可以直接采集构成源的物质，以源物质的成分谱作为源成分谱。

有些源类，其构成物质不直接向受体排放，中间主要经历物理化学变化过程，如煤炭、石油及石油制品要经过燃烧过程，建筑水泥尘是矿石经过焙烧过程形成的，钢铁尘经过冶炼过程形成等。因此采集这类源样品时，不能直接采集源构成物质，而应该采集它们的排放物，以源排放物（飞灰）的成分谱作为源成分谱。

二次粒子成分，如硫酸盐、硝酸盐和二次转化的有机物，难以通过一般的方法来采样测量。

三、代表性源样品采集技术的新进展

（一）用机动车随车采样器采集机动车尾气尘

机动车尾气尘与道路尘是不同的源类。机动车尾气尘是指机动车排气管排出的燃料油燃烧后形成的颗粒物，属于单一尘源类，而道路尘属于混合尘源类。机动车尾气尘的采集方法一般分为台架法和随车法等。下面简单介绍台架法和随车法。

1. 台架法

机动车尾气管排放的颗粒物主要是以含碳为主的不可挥发部分和以高沸点碳氢化合物为主要成分的可挥发部分。因此颗粒物的取样温度、取样方式直接影响检测结果。通常都要将尾气稀释，以避免化学活性强的物质发生化学反应和水蒸气聚集凝结溶解其他污染物引起误差。

常见的台架取样方法有三种：全流稀释风道法、二次稀释风道采样、分流稀释取样。我国机动车排放颗粒物测试标准规定采用定容取样方法。中国环境科学研究院已经研制开发了一套全流稀释风道定容二次稀释取样系统，具有 3~270 倍可变的稀释比，可以进行小到低排量摩托车、大到高排量重型柴油车排放颗粒物的采集。

2.随车法

目前我国生产和进口的机动车种类繁多,工况复杂。台架法适合于规定工况条件下的尾气测试,不能反映机动车随机条件下的尾气排放情况,因此采用随车采样器更能满足随机条件下的尾气排放测试。南开大学已经研制开发了适合各种机动车型号的随车采样器,能够满足测试的要求。

(二)烟道气湍流混合稀释采样系统采集工业燃煤(油)飞灰

烟尘在环境中主要以气、固两相气溶胶形态存在,是环境空气颗粒物的主要来源之一。烟尘从排气管中排出后,会立即与环境空气混合后凝结、蒸发、凝聚以及发生二次化学反应。这些物理、化学变化将改变颗粒物的粒度分布和化学组成。因此如何能够从固定源排气管中采集到物化行为更接近于环境条件下演化的颗粒物样品,已成为困扰环保界的技术难题之一。

在借鉴国外烟尘采样系统原理的基础上,结合国内外稀释采样器的优点,南开大学研制并开发了烟道气湍流混合稀释采样系统,该系统模拟环境空气中稀释烟气的状况,利用烟尘(气)自动测试仪从固定源排气管内按等速采样原理抽取一定量的烟气送入空气稀释系统,并利用颗粒物采样器从空气稀释系统内定量抽取按一定比例稀释的烟气与空气的混合气体于滤膜上。北京大学也开发了固定源采样稀释通道,该采样器具有 12 个采样口,同时进行 PM2.5、PM10 的采样并测量颗粒物粒度谱。

(三)颗粒物再悬浮采样器对粉末源样品进行分级

颗粒物再悬浮采样器主要是为了解决开放源样品的采样问题。颗粒物再悬浮采样器通过送样装置将已干燥、筛分好的粉末样品送至再悬浮箱中,使颗粒再次悬浮起来,然后利用分级采样头将样品采集到滤膜上。

四、城市环境保护的对策

(一)城市环境保护面临的主要问题

1.粗放型经济增长方式和城市人口的不断增长加剧了城市的环境压力

中国城市经济一直保持高速增长的态势,资源的高消耗和技术水平相对较低,必然带来污染物的高排放,这使城市赖以存在的自然生态环境面临越来越严重的威胁,城市环境承载力已趋于饱和;城市经济的快速发展,使城市资源、能源的消耗也快速增长。城市化进程的加快，城市人口的增加，人民生活水平的提高和消费的升级，都给原本趋紧的城市资源、环境供给带来更大的压力，并将进一步加剧城市水资源短缺，生活污水、垃圾等废弃物产生量大幅度增加，许多城市污染物排放总量超过环境容量，保护和改善城市环境质量的任务十分艰巨。

2. 人民群众对城市环境状况的要求越来越高

随着人们生活水平的提高和环境意识的增强，城市的环境质量已远不能满足人民群众日益增长的环境要求。目前，影响中国城市空气质量的首要污染物是颗粒物，城市环境综合整治定量考核结果显示，有 290 个城市的环境空气质量达不到国家环境空气质量二级标准（居住区标准）；有 119 个城市超过三级标准；有 50 个城市的水环境功能区水质达标率低于 50%，有相当一部分城市的饮用水水源水质达不到标准。垃圾围城、机动车污染、噪声扰民、扬尘污染、PM2.5 污染等环境问题已成为城市居民环境投诉最多的问题，直接影响城市居民的生活环境。一些地区的人民群众对城市环境的需求与现实的环境状况存在较大差距，矛盾日益突出。

3. 城市环境基础设施建设难以支撑城市的可持续发展

中国城市环境的基础设施建设较为薄弱。现在有许多生活在城市里的人们，抬头不见蓝天，这主要是因为城市中的污染源污染了空气。经济的快速发展，带来了城市经济的繁荣，由此工业废水和生活废水量增加，这些废水的排放严重地污染到了水资源。随着我国城市人口的增长及人们生活水平的提高，城市垃圾不断增多，许多城市出现了垃圾围城的恶劣情况，影响了城市景观，污染了城市的水源和空气，滋生着各种传染病菌，同时又潜伏着资源危机。随着城市发展的加快，噪声已成为城市一大公害，严重影响了人们的生活和健康。城市的噪声主要来源于机动车辆和建筑工地。目前我国约 70% 的城市人口遭受着高噪声的影响，在 70 个监测的城市中只有 60% 的主要城市达标，而一般城市只有 33% 达到噪声控制标准。我国城市区域环境噪声达标率不到 50%，90% 的城市道路交通噪声超过了 70 dB，社会生活噪声呈现明显上升趋势。城市绿地是城市生态系统的重要组成部分，它由城郊农田、城郊天然植被和市区园林绿地三部分组成，对促进城市生产的发展和保证居民生活质量有着不可替代的作用，对城市生态环境系统内的物质循环具有十分重要的意义。但由于城市发展建设，自然环境被开发利用建设工厂、住宅、道路、广场、果园、菜地等，自然环境中的植被被不断地砍伐、清除，代之以密集的人口、建筑物，城市绿地的多种环境功能正在逐步丧失，已经成为尖锐的环境问题。热岛效应严重的大多数城市在建设中缺少总体规划，没有从城市整体的角度充分考虑空气的流动性、散热性，城市通风廊道没有或建设不好，空气流动缓慢，污染的气体不能及时排掉，热量散发缓慢，造成热岛效应。

4.城市环境保护工作面临着一系列新的问题

中国在许多传统的城市环境问题还没有得到基本解决的同时，许多新的城市环境问题又接踵而来。一是城市环境污染边缘化问题日益显现。城市周边地区更多地承担着来自中心城区生产、生活所产生的污水、垃圾、工业废气等污染，城市周边地区的水体（包括地表水和地下水）、土壤、大气污染问题更为突出，影响了城市区域和城乡的协调发展。二是机动车污染问题更为严峻。中国已经成为世界汽车第四大生产国和第三大消费国。机动车保有量的高速增长导致的城市空气污染将是城市发展，特别是大城市发展面临的严峻问题。三是城市生态失衡问题日益严重。城市自然生态系统受到了严重破坏，生态失衡问题不断加重，"城市热岛""城市荒漠"等问题突出。同时，城市自然生态系统的退化进一步降低了城市自然生态系统的环境承载力，加剧了资源环境供给和城市社会经济发展的矛盾。

（二）中国城市环境保护的主要对策

面对中国城市发展的环境压力和出现的新问题，城市环境保护的战略和对策必须进行相应的调整。今后一个时期，推进中国城市实施环境可持续发展的战略性对策主要有以下六个方面。

1.以城市环境容量和资源承载力为依据，制定城市发展规划

将环境容量、资源承载力和城市环境质量按功能区达标的要求作为各城市制定或修订城市发展规划的基础和前提，坚持做到以下几点：一是从区域整体出发，统筹考虑城镇与乡村的协调发展，明确城镇的职能分工，引导各类城镇进行合理布局和协调发展；二是调整城市经济结构，转变经济增长方式，发展循环经济，降低污染物排放强度，保护资源、保护环境，限制不符合区域整体利益和长远利益的经济开发活动；三是统筹安排和合理布局区域基础设施，避免重复建设，实现基础设施的区域共享和有效利用；四是把合理划分城市功能、合理布局工业和城市交通作为首要的规划目标。

2. 提高城市环境基础设施建设和运营水平，积极推进市场化运行机制

城市环境基础设施建设的不平衡和不充分已经成为保护和改善我国城市环境的瓶颈和障碍，必须加大环境投入，提高城市环境基础设施建设和运营水平。各级城市在继续发挥政府主导作用的同时，要重视发挥市场机制的作用，充分调动社会各方面的积极性，把国家宏观调控与市场配置资源更好地结合起来，多渠道筹集资金，积极推进投资多元化、产权股份化、运营市场化和服务专业化。

加快城市污水处理设施建设步伐，加强和完善污水处理配套管网系统，提高城市污水处理率和污水再生利用率。合理利用城市环境基础设施，共同推进城镇污水和垃圾处理水平的提高。城镇都要建设污水集中处理设施，并逐步实现雨水与污水分流。落实污水处理收费政策，统筹资金及资本投向投量，建立城市污水处理良性循环机制。

加快城市生活垃圾和医疗废物集中处置设施的建设步伐，提高安全处置率和综合利用率，改革垃圾收集和处理方式，建立健全垃圾收费政策，促进垃圾和固体废物的减量化、无害化和资源化，加强全过程监管，减少危险废物二次污染的风险。城镇需要集中建设垃圾无害化处理设施。各级环境保护部门要加大对城市环境基础设施的环境监管力度，确保城市环境基础设施的正常运行。

3. 实施城乡一体化的城市环境生态保护战略

统筹城乡的污染防治工作，防止将城区内的污染转移到城市周边地区，把城市及周边地区的生态建设放到更加突出的位置，走城市建设与生态建设相统一、城市发展与生态环境容量相协调的城市化道路。加强城市间及城市周边地区的生态建设，强化城市绿地建设，合理划定城区范围内的绿化空间，建设公园绿地、环城绿化带、社区居住区绿地、企业绿地和风景林地，围绕城市干线和城市水系等建设绿色走廊，形成点、线、面结合，乔、灌、草互补的绿地系统；加强城市河湖水系治理，增加生态环境用水，维持自然生态功能，保护城市生态系统，改善城市生态环境。

4. 实施城市环境管理的分类指导

城市环境管理必须体现分类指导，对西部城市要在保护环境的前提下给城市发展留出一定的环境空间；对东部发达地区的城市在环境保护上要高标准要求，逐步实施环境优先发展的战略，严格环境准入；大城市环境保护工作重点要突出机动车污染、城市环境基础设施建设、城市生态功能恢复等城市生态环境问题，

强调城市合理规划和布局，发展综合城市交通系统，在改善城市环境的同时带动城乡结合地区的环境保护工作；中小城镇要加大工业污染控制和集约农业污染控制，加快城市基础设施建设步伐，促进城乡协调发展。

5.继续深化城市环境综合整治制度

根据新形势和任务的要求逐步深化和发展城市环境综合整治定量考核制度。进一步强调地方政府对环境质量负责，加快改善城市环境质量，发挥政府的主导作用，建立部门之间的分工协作机制和环保部门的统一监管体系，丰富城市环境综合整治定量考核制度内涵，并将其纳入政绩考核范畴，作为提高城市可持续发展能力的基本手段；在城市环境综合整治定量考核中增加污染排放强度和资源生态效率、促进城市经济增长方式转变的指标，增加与群众生活密切相关的环境问题和群众满意度的内容，增加强化环保统一监督管理、提高环境保护能力建设的内容等。优先解决与群众日常生活关系密切的环境问题。切实抓好城市水污染防治，对城市污染河道进行综合整治，改善城市地表水水质，加大面源污染的综合防治力度，防治城市和农村集中式水源地的环境污染，优先保护饮用水水源地水质。加快城市大气污染治理，优化能源结构，提高能源利用效率和清洁能源利用率，建设高污染燃料禁燃区，推行集中供热。切实加强汽车尾气排放控制，严格新车准入制度，加大用车排放控制，改进油品质量，大力发展公共交通。继续削减工业污染物排放总量，降低单位产品的能耗和物耗，搬迁严重污染的企业；加强对噪声、扬尘和油烟污染防治等；在城市推广以资源节约、物质循环利用和减少废物排放为核心的绿色消费理念，引导和改变居民的生活习惯和消费行为，减少生活污水、生活垃圾等的排放。

6.继续推进国家环境保护模范城市创建工作，树立城市可持续发展典范

国家环境保护模范城市是当今中国城市环境保护工作的最高荣誉，是城市社会经济发展与环境建设协调发展的综合体现，是城市实施可持续发展战略的典范。目前，我国已命名的国家环境保护模范城市所占比例较低，且主要集中在东南沿海发达地区，中西部地区环保模范城市较少，成果辐射的区域有限。要广泛地宣传和推广环保模范城市的经验和做法，继续深化国家环境保护模范城市的创建工作，在全国各地，特别是中西部地区、重点流域以及国家环保重点城市建设一批经济快速发展、环境基础设施比较完善、环境质量良好、人民群众积极参与的环境保护模范城市。已获得国家环境保护模范城市称号的城市要持续改进，汲

取先进国家城市环境管理的先进经验，继续创建资源能源有效利用、废物排放量少、生态环境良性循环、适合人类居住的生态城市。

五、城市环境保护与生态

（一）生态环境保护与经济增长的关系

良好的生态环境和充足的自然资源是经济增长的基础和条件。经济增长的最终目的是富民强国，提高人民的生活水平。良好的环境是高质量生活的必要条件，而环境污染和生态破坏有悖于促进经济增长的初衷。可持续发展经济，不仅要考虑当代人发展的需要，也要考虑子孙后代发展的需要，给后代人留下良好的生态环境是我们必须担负的历史责任。因此，发展现代城市建设，首先要协调好保护环境和经济发展的关系。

（二）加强生态环境保护，努力实现可持续发展

1. 大力发展循环经济

循环经济是一种新的经济发展模式，从传统的工业经济发展模式（资源—产品—消费—废弃物），转到新的资源循环利用发展模式（资源—产品—消费—再生资源）。循环经济强调的是资源"减量化、再使用、可循环"。

2. 建立绿色国民经济核算体系

研究表明，国家发展有四类资本：人力资本、金融资本、加工资本（实物）和自然资本。如果在经济增长中其他资本增加了，而自然资本减少了，那么总资本量可能不是增加而是减少。如果单纯用 GDP 来衡量一个地区的经济社会发展水平，就可能导致不计代价片面追求 GDP 的增长速度，忽视经济的结构、质量和效益，忽视环境保护和社会进步等后果。

3. 坚持以人为本，维护人民群众的环境权益

以人为本是科学发展观的核心，要把维护最广大人民的根本利益作为我们一切工作的出发点和落脚点，努力创造良好的生态环境。

4. 倡导和鼓励绿色消费

倡导和鼓励绿色消费，关注并采取措施解决老百姓关心的食品安全、饮用水安全、室内污染和白色污染等问题。要制定相关的政策、法规和标准，发展环保标志产品和环境管理体系认证工作，推广有机食品和绿色食品。政府要制定绿色

采购政策，扶持有利于环境的产品占领市场。

5. 依靠科学技术进步，实现环境保护跨越发展

严重的环境污染在一定意义上也是一种资源的浪费，我们不能再走发达资本主义国家工业化初期先严重污染环境后治理恢复的路子。如何走出一条新路子，实现环保跨越式发展？一靠机制、体制创新；二靠科学技术进步。新工业区的建设要更加重视资源利用率的提高，这既有利于缓解资源不足，又有利于环境保护。

6. 建设节约型社会是当前非常紧迫的问题

由于管理和技术水平的落后，我国工业生产无论是单位产品还是单位产值所消耗的能源、水资源和原材料等都远高于世界平均水平，甚至高于许多发展中国家。建设节约型社会，是缓解我国当前资源瓶颈的有效途径。加快建设节约型社会事关现代化发展，事关人民群众根本利益，事关中华民族的生存和长远发展。

7. 做好企业的环境保护工作

强化企业环保意识，用相应的经济政策和收费制度来控制。

8. 增加政府对环境保护的投入

政府在推进可持续发展中起主导作用，增加对环境保护投入是非常关键的措施。城市生态环境的保护和建设、环境执法能力建设等，都需要政府的投入。

9. 树立科学的发展观

促进生态环境保护，实质上是要处理好眼前和长远利益、局部和全局利益的关系，各有关部门要通力合作，认真落实。

（三）城市生态环境建设的对策与建议

1. 城市总体规划与城市生态建设规划

规划必须以满足城市可持续发展需求为目标，立足城市市域范围，综合考虑城市周边地区及所在区域生态环境的影响因素。主要内容包括土地利用规划、城市园林绿化规划、城市环境保护规划和城市历史文化遗产保护规划。生态环境建设规划是生态建设的依据，各级政府应高度重视，要把城市生态建设贯彻到城市规划设计、规划建设、规划管理的全过程中。

2. 城市生态建设与可持续发展

城市生态的建设必须遵循四个原则，即系统、自然、经济和生态原则。城市是一个区域中的一部分，城市生态系统也是一个开放的系统，必须与城市外部其他生态系统进行物质、能量、信息的交换，因此要用系统的观点从区域环境和区域生态系统的角度考虑城市生态环境问题。城市规模及结构功能等都受自然条件的限制，城市生态环境建设必须充分考虑自然特征和环境承载能力。经济的发展是城市发展的前提条件，发展经济的同时必须保护环境，实现经济发展与环境保护相协调的原则。维持城市人工生态系统的平衡，必须注意城市生态系统中结构与功能的相互适应，使城市能量、物质、信息的传递和转化持续进行，持续处于动态平衡。

3. 加强城市绿化，改善城市生态

城市绿地建设应解放思想，加大力度，要把重点放在建设大型生态绿地、环城绿地、大型交通绿地以及居住区绿地上，强调城市绿地的连通性、城郊绿地的结合性、景观与生态的共融性。屋顶绿化作为拓展城市绿化空间的手段之一，从未来城市建设的发展来看，这种手段是我们在城市生态建设中将逐步应用的。外来物种可能会引起一系列生态系统退化问题或出现一些不良状况，因此在引种时要慎重。

4. 生态城市建设的途径

未来城市环境建设要实现几个转变：一是从物理空间的需求上升到人的生活质量的需求。二是从污染治理的需求上升到人的生理和心理健康需求。三是从城市绿化需求到生态服务功能需求。四是从面向形象的城市美化到面向过程的城市可持续性发展，最终实现城市建设的系统化、自然化、经济化和人性化。实现生态城市建设的基本途径如下。

（1）卫生。通过生态工程方法处理和回收生活废物、污水和垃圾，减少空气和噪声污染，为城镇居民提供一个整洁、健康的环境。

（2）安全。为居民提供清洁安全的饮水、食物、服务、住房，做好出行安全及减灾防灾等工作。

（3）景观。强调通过景观生态规划与建设来优化景观格局及过程，减轻热岛效应、水资源耗竭及水环境恶化、温室效应等环境影响。

（4）文化。生态文化是物质文明与精神文明在自然与社会生态关系上的具体表现，是生态建设的原动力。它具体表现在管理体制、政策法规、价值观念、道德规范、生产方式及消费行为等方面的和谐性，将个体的动物人、经济人改造为群体的生态人、智能人。

第五节　空气污染物的测定

空气污染物有气态、蒸气和气溶胶。常见的气态污染物有一氧化碳、二氧化硫、氮氧化物、硫化物、氯气、氯化氢、氟化氢和臭氧等。常见气溶胶固体颗粒有粉尘、烟尘颗粒和烟气等。

一、粒子状污染物的测定

（一）自然降尘的测定

降尘是大气污染监测的参考性质指标之一，大气降尘是指在空气环境下，靠重力自然沉降在集尘缸中的颗粒物。降尘颗粒多在 10 μm 以上。

1. 测定原理

空气中可沉降的颗粒沉降在装有乙二醇水溶液的集尘缸中，样品经蒸发、干燥、称量后，可计算出降尘量。

2. 采样

（1）设点要求。采样地点附近不应有高大的建筑物及局部污染源的影响；集尘缸应距离地面 5~15 m。

（2）样品收集。放置集尘缸前，加入乙二醇 60~80 mL，以占满缸底为准，加入的水量适宜（50~200 mL）；将采样缸放在固定架上并记录放缸地点、缸号、时间；定期取采样缸。

3. 测定步骤

（1）瓷坩埚的准备。将洁净的瓷坩埚置于电热干燥箱内在（105±5）℃下烘 3 h，取出，放入干燥器内冷却 50 min，在分析天平上称量；在同样的温度下再烘 50 min，冷却 50 min，再称量，直至恒重（两次误差小于 0.4 mg）；然后，将瓷坩埚置于高温熔炉内，在 600 ℃下灼烧 2 h，待炉内温度降至 300 ℃以下时取出，放入干燥器中，冷却 50 min，称量；再在 600 ℃下灼烧 1 h，冷却 50 min，再称量，直至质量恒定为止。

（2）降尘总量的测定。捡除采样缸中的树叶、小虫后，其余部分转移至 500 mL 烧杯中，在电热板上蒸发为 10~20 mL，冷却后全部转移至恒重的坩埚内蒸干，放入干燥箱在（105±5）℃下烘干至恒重 W。

（3）试剂空白测定。取与采样操作等量的乙二醇水溶液，放入 500 mL 烧杯中，重复前面的试验内容，得到的恒定质量减去 W。

（二）PM10 和 PM2.5 的测定

PM10 又称胸部颗粒物，指可吸入颗粒物中能够穿过咽喉进入人体肺部的气管、支气管区和肺泡的那部分颗粒物，它并不是表示空气动力学直径小于 10 μm 的可吸入颗粒物，而是表示具有 $D50=10$ μm，空气动力学直径小于 30 μm 的可吸入颗粒物。其中空气动力学直径指在通常的温度、压力和相对湿度的情况下，在静止的空气中，与实际颗粒物具有相同重力加速度的密度为 1 g/cm³ 的球体直径，它实际上是一种假想的球体颗粒直径；而 $D50$ 是指在一定的颗粒物体系中，即空气动力学直径范围一定时，颗粒物的累积质量占到总颗粒物质量一半（50%）时所对应的空气动力学直径，它代表了可吸入颗粒物体系的几何平均空气动力学直径。

由于通常不能测得实际颗粒的粒径和密度，而空气动力学直径则可直接由动力学的方法测量求得，这样可使具有不同形状、密度、光学与电学性质的颗粒粒径有了统一的量度。大气颗粒物（或气溶胶粒子）的粒径（直径或半径），均指空气动力直径。在标准状况下，粒子在空气中的气体动力学直径为 0.5 μm，相对密度为 2 时，其真实直径只有 0.34 μm，而相对密度为 0.5 时，却为 0.73 μm。

测定空气动力学直径的仪器有空气动力学直径测定仪（Aerodynamie Particle Sizer，APS）等。

PM2.5：2013 年 2 月，全国科学技术名词审定委员会将 PM2.5 的中文名称命名为细颗粒物。其是指环境空气中空气动力学当量直径小于等于 2.5μm 的颗粒物。它能较长时间悬浮于空气中。虽然 PM2.5 只是地球大气成分中含量很少的组分，但它对空气质量和能见度等有重要的影响。与较粗的大气颗粒物相比，PM2.5 粒径小、面积大、活性强，易附带有毒、有害物质（如重金属、微生物等），且在大气中的停留时间长、输送距离远，因而对人体健康和大气环境质量的影响更大。

细颗粒物的化学成分主要包括有机碳（OC）、元素碳（EC）、硝酸盐、硫酸盐、铵盐、钠盐等。

目前，各国环保部门广泛采用的空气粒子状污染物测定方法有四种：重量法、微量振荡天平法、β 射线吸收法和光散射法。重量法是最直接、最可靠的方法，是验证其他方法是否准确的标杆。但重量法需人工称重，程序烦琐费时。如果要实现自动监测，就需要用其他三种方法。自动监测仪在 24 h 空气质量连续自动监测中应用广泛。在污染较重或地理位置重要的地方，自动监测仪可有效地反映出空气中 PM10、PM2.5 污染浓度的变化情况，为环保部门进行空气质量评估和政府决策提供准确、可靠的数据依据。《PM2.5 自动监测仪器技术指标与要求（试行）》确定了三种 PM2.5 的自动监测方法，分别是 β 射线方法仪器加装动态加热系统、β 射线方法仪器加动态加热系统联用光散射法、微量振荡天平方法仪器加膜动态测量系统（FDMS）。

1. 重量法

该测定方法依据是 HJ 618—2011，该标准是《大气飘尘浓度测定方法》（GB 6921—86）的修订版，适用于环境空气中 PM10 和 PM2.5 浓度的手工测定。

（1）方法原理。该方法的原理是分别通过具有一定切割特性的采样器，以恒速抽取定量体积空气，使环境空气中 PM2.5 和 PM10 被截留在已知质量的滤膜上，根据采样前后滤膜的质量差和采样体积，计算出 PM2.5 和 PM10 的浓度。

（2）主要仪器。主要仪器有 PM10（或 PM2.5）切割器及采样系统、采样器孔口流量计、滤膜、分析天平、恒温恒湿箱（室）、干燥器。

（3）分析步骤。分析步骤为将滤膜放在恒温恒湿箱（室）中平衡 24 h，平衡条件为：温度取 15~30 ℃中任何一个，相对湿度控制在 45%~55% 范围内，记录平衡温度与湿度。在上述平衡条件下，用感量为 0.1 mg 或 0.01 mg 的分析天平称量滤膜，记录滤膜质量。同一滤膜在恒温恒湿箱（室）中相同条件下再平衡 1 h 后称重。对于 PM10 和 PM2.5 颗粒物样品滤膜，两次重量之差分别小于 0.4 mg 和 0.04 mg 就满足了恒重要求。

2. 微量振荡天平法

微量振荡天平法是在质量传感器内使用一个振荡空心锥形管，在其振荡端安装可更换的滤膜，振荡频率取决于锥形管的特征和质量。当采样气流通过滤膜时，其中的颗粒物沉积在滤膜上，滤膜的质量变化导致振荡频率的变化，通过振荡频率变化计算出沉积在滤膜上颗粒物的质量，再根据流量、现场环境温度和气压计算出该时段颗粒物标志的质量浓度。

3. β 射线吸收法

仪器利用抽气泵对大气进行恒流采样，经 PM10 或 PM2.5 切割器切割后，大气中的颗粒物吸附在 β 源和盖革计数管之间的滤纸表面，采样前后盖革计数管计数值的变化反映了滤纸上吸附灰尘的质量变化，由此可以得到采样空气中 PM10 的浓度。

4. 光散射法

当一束光通过含有颗粒物的烟气时，其光强因为烟气中颗粒物对光的吸收和散射作用而减弱，通过测定参比光强和光束经过烟气后的光强来计算光穿过介质的透过率并依此来测定烟气中颗粒物的浓度。光散射法的优点是在当颗粒物直径分布较均匀时，测量精度较高，并且可以消除水分、温度和压力造成的测量误差；缺点是颗粒物浓度太低、太高，以及颗粒物的分布范围较大时，均会对测量结果产生较大影响。

（三）总悬浮颗粒物的测定

总悬浮颗粒物的测定方法是根据 GB/T 15432—1995 进行测量的，适合于大流量或中流量总悬浮颗粒物采样进行空气中总悬浮颗粒物的测定。

1. 测定原理

空气中总悬浮颗粒物（简称 TSP）抽进大流量采样器时，被收集在已称重的滤料上，采样后，根据采样前后滤膜质量之差及采样体积，计算总悬浮颗粒物的浓度。滤膜处理后，可进行组分测定。

2. 主要仪器

（1）大流量或中流量采样器（带切割器）。

（2）大流量孔口流量计（量程 0.7~1.4 m/min，恒流控制误差 0.01 m^2/min）、中流量孔口流量计（量程 70~160 L/min，恒流控制误差 1 L/min）。

（3）滤膜。气流速度为 0.45 mn/s 时，单张滤膜阻力不大于 3.5 kPa，抽取经过高效过滤的气体，1 cm^2 滤膜失重不大于 0.012 mg。

（4）恒温恒湿箱。

（5）天平（大托盘分析天平）。

3. 测定步骤

（1）滤膜准备。每张滤膜都要经过 X 光机的检查，不得有缺陷。用前要编号，并打在滤膜的角上。把滤膜放入恒温恒湿箱内平衡 2 h，平衡温度取 15~30 ℃中任何一点，并记录温度和湿度。平衡后称量滤膜，称准为 0.1 mg。

（2）安放滤膜。将滤膜放入滤膜夹，使之不漏气。

（3）采样后，取出滤膜检查是否受损。若无破损，在平衡条件下，称量测定。

二、分子状污染物的测定

分子状污染物较多，本节只介绍最基本和最重要物质的测定。

（一）二氧化硫的测定

二氧化硫是主要大气污染物之一，来源于煤和石油产品的燃烧、含硫矿石的冶炼、硫酸等化工产品生产所排放的废气。

1. 测定方法

测定二氧化硫的方法很多，常见的有分光光度法、紫外荧光法、电导法、恒电流库仑法和火焰光度法。

四氯汞盐恩波副品红分光光度法适用于大气中二氧化硫的测定，方法检出限为 0.015 $\mu g/m^2$，以 50 mL 吸收液采样 24 h，采样 288 L 时，可测浓度范围为 0.017~0.350 mg/m^2；甲醛吸收恩波副品红分光光度法方法检出限 0.007 mg/m^2，以 50 mL 吸收液采样 24 h，采样 288 L 时，最低检出限量 0.003 mg/m^2。

2. 测定原理

两种测定方法原理基本上相同，差别在于二氧化硫的吸收剂不同，一种方法是用四氯汞钾吸收液，另一种方法用甲醛缓冲液。

（1）四氯汞钾（TCM）做吸收液。气样中的二氧化硫被吸收液吸收生成稳定的二氯亚硫酸盐配合物，此配合物与甲醛和盐酸恩波副品红（PRA）反应生成红色配合物，用分光光度法测定生成配合物的吸光度，进行定量分析。

（2）甲醛缓冲溶液为做吸收液。气样中二氧化硫与甲醛生成羟醛甲基磺酸加成产物，加入氢氧化钠溶液使加成物分解释放出一氧化硫再与盐酸恩波副品红反应生成紫红色配合物，比色定量分析。

3. 测定步骤

下面以 HJ 482—2009《环境空气 二氧化硫的测定 甲醛吸收 – 副玫瑰苯胺分光光度法》为例，介绍比色定量分析的测定步骤。

（1）标准曲线的绘制。

向各色阶管中分别加入 1.0 mL 3 g/L 氨基磺酸钠溶液、0.5 mL 2.0 mol/L 氢氧化钠溶液、1 mL 水，充分混匀后再用可调定量加液器将 2.5 mL 0.25 g/L PRA 溶液快速射入混合液中，立即盖塞颠倒混匀，放入恒温水浴中显色。

用 10 mm 的比色皿，以水为参比溶液，在波长 570 nm 处测定各管的吸光度，以二氧化硫质量（μg）为横坐标，以吸光度为纵坐标，绘制标准曲线并计算回归线的斜率。以斜率的倒数作为样品测定的计算因子。

（2）样品测定。

① 30~60 min 样品测定将吸收液全部移入比色管中，用少量吸收液洗吸收管，合并至样品溶液中，并使体积为 10 mL，然后按用标准溶液绘制标准曲线的操作步骤测定吸光度。

②24 h 样品测定用水补充到采样前吸收液的体积，准确量取 10 mL 样品溶液，然后按用标准溶液绘制标准曲线的操作步骤测定吸光度。

在测定每批样品的同时，用未采样的吸收液做试剂空白的测定。

（二）氮氧化物的测定

氮的氧化物有 NO、NO_2、N_2O_3、N_3O_4、N_2O_5 等多种形式。大气中的氮氧化物主要以一氧化氮（NO）和二氧化氮（NO_2）的形式存在，它们主要来源于石化燃料、化肥等生产排放的废气以及汽车排气。

大气中的 NO、NO_2，可分别测定，也可测定它们的总量。常见的测定方法有盐酸萘乙二胺分光光度法和化学发光法。

1. 盐酸萘乙二胺分光光度法

（1）测定原理。

空气中的氧化氮经氧化管后，在采样吸收过程中生成亚硝酸，再与对氨基苯磺酰胺进行重氮化反应，然后与盐酸萘乙二胺耦合生成玫瑰红色的氮化合物，比色定量分析。

（2）采样。

① 1 h 采样。用一个内装 10 mL 吸收液的普通型多孔玻璃吸收管，进口接上一个氧化管，并使管略微向下倾斜，以免潮湿空气将氧化管弄脏，污染后面的吸收管；以 0.4 L/min 流量避光采气 5~24 L，使吸收液呈现玫瑰红色。

② 24 h 采样。用一个内装 50 mL 吸收液的大型多孔玻璃板吸收管，进口接上一个氧化管，并使管略微向下倾斜，以免潮湿空气将氧化管弄脏，污染后面的吸收管；以 0.2 L/min 流量避光采气 288 L，直至吸收液呈现玫瑰红色为止。

记录采样时的温度和大气压。

（3）测定步骤。

①标准曲线的绘制。用亚硝酸钠标准溶液绘制标准曲线：取 7 个 25 mL 的容量瓶，向各色列瓶中分别加入 12.5 mL 显色液，加水至指定刻度，混匀，放置 15 min，用 10 mm 的比色皿，以水为参比溶液，在波长 540 nm 处测定各管的吸光度，以 NO_2 质量浓度（μg/mL）为横坐标，以吸光度为纵坐标，绘制标准曲线并计算回归线的斜率。以斜率的倒数作为样品测定的计算因子。

②样品测定。采样后，用水补充到采样前的吸收液的体积，放置 15 min，用 10 mm 的比色皿，以水做参比，按用标准溶液绘制标准曲线的操作步骤测定样品吸光度。

在测定每批样品的同时，用未采样的吸收液做试剂空白的测定。

2. 化学发光法

（1）测定原理。某些化合物分子吸收化学能后，被激发到激发态，再由激发态返回到基态时，以光量子的形式释放出能量，这种化学反应称为化学发光法。利用测量化学发光强度对物质进行分析测定的方法称为化学发光分析法。

化学发光监测仪（又称氧化氮分析器）可用于氧化氮的分析，它是根据一氧化氮和臭氧气相发光反应的原理制成的。被测样气连续被抽入仪器，氧化氮经过 NO_2+NO 转化器后，以一氧化氮的形式进入反应室，再与臭氧反应生成激发态二氧化氮。

光子通过滤光片，被光电倍增管接收，并转变为电流经放大后而被测量。电流大小与一氧化氮浓度成正比。用二氧化氮标准气体标定仪器的刻度，即得知相当于二氧化氮量的氧化氮的浓度。

仪器中与 NO_2+NO 转化器相对应的阻力管是为测定一氧化氮用的，这时气样不经转化器而经此旁路直接进入反应室，测得一氧化氮量，则二氧化氮量等于氧化氮量减一氧化氮量。

（2）采样。采用定容取样系统（必须测定排气与稀释空气的总容积；必须按容积比例连续收集样气），空气样品通过聚四氟乙烯管以 1 L/min 的流量被抽入仪器，取样管长度等于 5.0 m，取样探头长度不小于 600 mm。

（3）测量。将进样三通阀置于测量位置，样气通过聚四氟乙烯管被抽进仪器，即可读数。

（4）计算。在记录器上读取任一时间的氧化氮（换算成 NO_2）浓度。将记录纸上的浓度和时间曲线进行积分计算，可得到氧化氮（换算成 NO_2）每小时和每日平均浓度，mg/m^2。

（三）一氧化碳的测定

一氧化碳是大气中的主要污染物之一，它主要来源于石油、煤炭燃烧不完全的产物以及汽车的排气。一氧化碳是有毒气体，它容易与人体血液中的血红蛋白结合，形成碳氧血红蛋白，使血液输送氧的能力降低，造成缺血症，重者可致人死亡。

测定一氧化碳的方法很多，有非分散红外吸收法、气相色谱法、定电位电解法、间接冷原子吸收法等。这里介绍《空气质量 一氧化碳的测定 非分散红外法》（GB 9801—88）。

1. 基本原理

当一氧化碳气态分子受到红外辐射（1~25 μm）照射时，将吸收各自特征波长的红外光，引起分子振动能级和转动能级的跃迁，产生振动－转动吸收光谱，即红外吸收光谱。在一定气态物质浓度范围内，吸收光谱的峰值（吸光度）与气态物质浓度之间的关系符合朗伯比尔定律，因此，测定其吸光度即可确定气态物质的浓度。

二氧化碳特征吸收峰为 4.65 μm，一氧化碳特征吸收峰为 4.3 μm，水蒸气吸收峰在 3 μm 和 6 μm 附近。因为空气中二氧化碳和水蒸气的浓度远大于一氧化碳的浓度，它们的存在会干扰一氧化碳的测定。在测定前可用制冷或通过干燥剂的方法除去水蒸气，用窄带光除去二氧化碳的干扰。

2. 仪器和试剂

（1）非分散红外一氧化碳分析仪。

（2）记录仪。0~10 mV。

（3）流量计。0~1 L/min。

（4）采样袋。铝箔复合薄膜采气袋或聚乙烯薄膜采气袋。

（5）双连球。

（6）高纯氮气。不含一氧化碳或已知一氧化碳的浓度。

（7）一氧化碳标准气。一氧化碳浓度选在测量范围 60%~80% 之内。

3. 采样

用双连球将现场空气打入铝箔复合薄膜采气袋中，使之胀满后挤压放掉，如此反复 5~6 次，最后一次打满后密封进样口，带回实验室分析。

4. 分析测定

（1）仪器启动和调零。开启仪器预热 30 min，通入高纯氮气校准气调仪器零点。

（2）校准量程。将一氧化碳标准器连接在仪器进口上，校准量程的上限值标度。

（3）测定样气。将采样袋通过干燥管连接在进气口，则气体被抽入仪器中，由仪器表头直接指示一氧化碳的浓度。

5. 计算

仪器的标度指示是经过标准气体校准的，样气中的一氧化碳浓度由表头直接读出。

（四）臭氧的测定

臭氧是较强的氧化剂之一，它是大气中的氧在太阳紫外线的照射下或受雷击形成的。

臭氧在高空大气中可以吸收紫外光，保护人和生物免受太阳紫外光的辐射。

臭氧的测定方法有吸光光度法、化学发光法、紫外线吸收法等。国家标准中测定臭氧含量有两个标准，即《环境空气　臭氧的测定　靛蓝二磺酸钠分光光度法》（HJ 504—2009）和《环境空气　臭氧的测定　紫外光度法》（HJ 590—2010）。

1. 靛蓝二磺酸钠分光光度法

（1）原理。空气中臭氧使吸收液中蓝色的靛蓝二磺酸钠褪色，生成靛红二磺酸钠，根据蓝色减弱的程度比色定量。

（2）仪器和试剂。

①气泡吸收管、空气采样器、具塞比色管、分光光度计。

②靛蓝二磺酸钠（IDS）溶液（准确浓度定量体积）。

③采样。串联两个内装 10 mL 吸收液的气泡吸收管，罩上黑布罩，以 0.5 L/min 流量采样，当第一支吸收管中的吸收液褪色约为 60% 时，立即停止采样，记录采样时的温度和大气压。

2. 紫外光度法

空气样品以恒定流速进入紫外臭氧分析仪的气路系统，交替或直接进入吸收池，或经过臭氧涤去器再进入吸收池。臭氧对 254 nm 波长的紫外光有特征吸收。

（五）硫酸盐化速度的测定

硫酸盐化速度是指大气中含硫污染物演变为硫酸雾和硫酸盐雾的速度。其测定方法有二氧化铅质量法、铬酸钡分光光度法、离子色谱法。这里只介绍二氧化铅质量法。

1. 测定原理

空气中的二氧化硫、硫酸酸雾、硫化氢等与二氧化铅反应生成硫酸铅，再与氯化钡作用形成硫酸钡沉淀，用重量法测定，其结果以每日在 100 cm² 面积的二氧化铅涂层上所含的三氧化硫质量（mg）表示。

2. 采样

从现场密闭的容器中取出制备好的二氧化铅瓷管，安放在百叶箱中心，暴露采样一个月。设点要求和取样时间与灰尘自然沉降量采样相同。收样时，应将样品瓷管放在密闭容器中，带回实验室。在运送过程中应将样品瓷管悬空固定放置，以免二氧化铅涂层面被摩擦脱落。

3. 测定步骤

（1）样品处理。采样后，准确测量瓷管上二氧化铅的涂布面积。然后将二氧化铅瓷管放入 500 mL 烧杯中，用少量碳酸钠溶液淋湿涂层，用镊子取下纱布，再用装在洗瓶中的碳酸钠溶液冲净瓷管，并使总体积为 100 mL，搅拌后盖上表面皿放置过夜，或在经常搅拌下放置 4 h。将烧杯放在沸水浴或电热板上加热 1 h，不时搅拌并补充水，使体积保持在 60~80 mL。趁热用中速滤纸过滤，以倾注法用热水洗涤沉淀 5~6 次，滤液及洗液总体积为 150~280 mL 时，即为样品溶液。

（2）样品测定。在样品溶液中加 2~3 滴甲基橙指示剂，滴加盐酸溶液中和，为防止溶液溅出，应盖上表面皿，从烧杯嘴处滴加盐酸至溶液呈红色，再多加 0.5 mL 盐酸溶液，放在沸水浴中加热，驱除二氧化碳直至不再产生气泡为止。取下表面皿，用少量水冲洗表面皿，加热浓缩至溶液体积约为 100 mL，取下后趁热不断搅拌，并逐滴加入约 5 mL 氯化钡溶液，至硫酸钡沉淀完全，再置于水浴中搅拌加热 10 min。待溶液澄清后，沿杯壁滴加数滴氯化钡溶液，以检查沉淀是否完全。静置数小时后，将硫酸钡沉淀移入已恒重的玻璃砂芯坩埚中，用温水洗涤沉淀数次，仔细地用淀帚将附着在烧杯内壁的沉淀擦下，洗入玻璃过滤坩埚中，一直洗到滤液中不含氯离子为止（用 10 g/L 硝酸银溶液检查）。将沉淀于 105 ℃下干燥，称量至质量恒定。坩埚的两次质量之差为样品管上硫酸钡的质量。

在每批样品测定的同时，取同一批制备和保存的未采样的二氧化铅瓷管，按上述相同操作步骤做试剂空白测定。

（六）氟化物的测定

大气中的气态氟化物主要是氟化氢，还有少量的氟化硅、氟化碳。含氟粉尘主要是冰晶石、氟化铝、氟化钠及磷灰石。氟化物的来源主要是铝厂、磷肥厂。氟化物的气体或粉尘属高毒素，由呼吸道进入人体，会引起黏膜刺激、中毒等症状。氟化物对植物生长也有明显危害。

1. 原理

空气中气态及颗粒态氟化物通过两层串联的滤膜：第一层为加热干燥滤膜，阻留颗粒物质；第二层为浸渍氢氧化钠溶液的滤膜，用以采集气态氟。收集在滤膜上的氟化物溶解在缓冲液中制成样品溶液，以氟离子选择电极测量电位值，其电位与氟离子活度的对数呈线性关系。通过一次标准加入法计算样液中的氟离子含量。

2. 仪器

（1）滤料夹加热炉。加热炉置于固定滤膜夹的周围，此炉内腔恒温温度为（48+3）℃。

（2）空气采样器。流量范围为 5~30 L/min，流量稳定。使用时用皂膜流量计校准采样系列，在采样前和采样后的流量误差小于 5%。

（3）离子活度计或精密酸度计（精度为 ±1 mV）。

（4）饱和甘汞电极。

（5）氟离子选择电极。

（6）磁力搅拌器（附塑料套铁芯棒）。

3. 试剂（所用水均为无氟水）

（1）无氟水。在每升蒸馏水中加 1 g 氢氧化钠及 0.1 g 氯化铝进行重蒸馏，取其中间蒸馏部分的水。

（2）浸渍液。称量 8 g 氢氧化钠（优级纯）溶于水中，加 20 mL 丙三醇，再用水稀释至 1 L，用以浸制滤纸。

（3）滤料。

①滤膜直径约为 40 mm，醋酸纤维和硝酸纤维的混合滤料，孔径为 2~3 μm，作为前张滤料采集颗粒态氟。

②滤膜直径约为 40 mm，孔径为 5 μm，浸有氢氧化钠的醋酸纤维和硝酸纤维的混合滤料，作为后张滤料采集气态氟，也可用性能相同的其他滤料代替。

③浸渍滤膜。要求每张滤膜的空白值平均含氟量低于 0.2 μg。处理方法是将孔径为 5 mm 的醋酸纤维和硝酸纤维的混合滤膜剪成直径 40 mm 的圆片，用镊子夹住，按顺序在三杯浸渍液中浸洗，每次浸洗 3~4 s，取出后均须稍稍沥干（每个烧杯中的浸渍液浸洗 40~50 张后，将第二杯、第三杯顺序更换为第一杯、第二杯，并量取新的浸渍液作为第三杯），然后堆放在大滤纸上晾干或放在 60℃ 下烘干备用。

④溴甲酚绿指示剂。将 0.1 g 溴甲酚绿与 3 mL 0.05 mol/L 氢氧化钠溶液混匀，用水稀释至 250 mL。

⑤ 0.1 mol/L 盐酸溶液。

⑥缓冲溶液 A。称取 59 g 枸橼酸钠及 20 g 硝酸钾于 1 L 容量瓶中，加 800 mL 水溶解，加入 3 mL 溴甲酚绿指示剂，用 0.1 mol/L 盐酸溶液中和至指示剂刚变为蓝绿色（此时 pH 值为 5.5 左右），用水稀释至刻度。

⑦缓冲溶液 B。取 500 mL 缓冲液 A 置于 1 L 容量瓶中，加入 5.0 mL 氟化钠标准溶液 C，用水稀释至刻度。

⑧标准溶液。

标准溶液 A。准确称取 1.105 g 在 110 ℃ 下干燥 2 h 的氟化钠（优级纯），溶解于少量水中，移入 1 L 容量瓶，加水稀释至刻度。此溶液为 1.00 mL 含 500 μg 氟的标准溶液。

标准溶液 B。精确量取 10.00 mL 标准溶液 A，在 100 mL 容量瓶中用水稀释至刻度。此溶液为 1.00 mL 含 50 μg 氟的标准溶液。

标准溶液 C。准确量取 20.00 mL 标准溶液 B，在 100 mL 容量瓶中用水稀释至刻度。此溶液为 1.00 mL 含 10 μg 氟的标准溶液。

4. 采样

将一张孔径为 5 μm 的浸渍滤膜装在不加热的采样夹上，另一张孔径为 2~3 μm 的滤膜装在滤膜加热炉内的采样夹上，并串联两个滤膜夹，然后以 15 L/min 的流量采气 1 m^2。

为了保护滤膜不受沉积物的影响，进气口应向下，并安装在距所有障碍物至少 1 m 远、垂直地面至少 1.5 m 的地方。采样后小心取下滤膜，尘面向内对折，放在洁净纸袋中，再放入样品盒内保存待用。记录采样点采样时的温度和大气压力。采样后滤膜保存在塑料盒内能稳定 7 d。

5. 分析步骤

各烧杯中分别加入 10 mL 缓冲液 A，放入一根塑料套铁芯棒，分别置于磁力搅拌器上用氟电极测定溶液的电位值，当变化小于 1 mV 时读取电位值。在半对数坐标纸上作图，以等距离坐标轴为电位值（mV），对数坐标轴为氟离子含量（μm），绘制标准曲线。将采样后的前后两张滤膜剪成条状，分别置于两个 50 mL 的烧杯中，加入 20 mL 缓冲液 B，放入塑料套铁芯棒，于磁力搅拌器上提取 20 min，按绘制标准曲线中所述的操作步骤测定样品溶液的电位值（E）。然后在标准曲线上查出样品中氟含量的估计值，根据这个估计值，加入所对应浓度和体积的标准溶液于原样品溶液中，搅拌均匀后，测得第二次电位值（E_2）。

第三章　土壤环境监测

土壤是孕育万物的摇篮，是人类文明的基石，其质量优劣直接影响人类的生产、生活和社会发展，尤其是因各种不合理的人为活动所引起的土壤和土地退化问题，已严重威胁着环境的可持续发展。本章主要对土壤环境监测展开讲述。

第一节　土壤的基础知识

一、土壤的概念

"土壤"一词在世界上任何民族的语言中均可以找到，但不同学科的科学家对什么是土壤却有着各自的观点和认识。如何给出一个科学而全面的有关土壤的定义，需要依赖于对土壤组成、功能与特性有较为全面的理解，其主要包括以下几个方面。

（1）土壤是历史自然体：土壤是由母质经过长时间的成土作用而形成的三维自然体，是考古学和古生态学的信息库、自然史（博物学）文库、基因库的载体。因此，土壤对理解人类和地球的历史至关重要。

（2）具有生产力：土壤中含有植物生长所必需的营养元素、水分等适宜条件，它是农业、园艺和林业等生产的基础，是建筑物和道路的基础和工程材料。

（3）具有生命力：土壤是生物多样性最丰富、能量交换和物质循环最活跃的地球表层，是植物、动物和人类的生命基础。

（4）具有环境净化力：土壤是具有吸附、分散、中和和降解环境污染物功能的环境舱；只要土壤具有足够的净化能力，地下水、食物链和生物多样性就不会受到威胁。

（5）中心环境要素：土壤是地球表面由矿物颗粒、有机质、水、气体和生物组成的疏松而不均匀的聚集层，它是一个开放系统，是自然环境要素的中心环节。土壤作为生态系统的组成部分，可以调控物质和能量循环。

基于上述认识，考虑到土壤抽象的历史定位（历史自然体）、具体的物质描述（疏松而不均匀的聚集层）以及代表性的功能表征（生产力、生命力、环境净化力），可将土壤做如下定义，即"土壤是历史自然体，是位于地球陆地表面和浅水域底部具有生命力、生产力的疏松而不均匀的聚集层，是地球系统的组成部分和调控环境质量的中心要素"。这是一个相对来说比较综合性的定义，较为完整地反映了土壤的本质和特征。

二、土壤的组成

土壤是地球表层的岩石经过生物圈、大气圈和水圈长期的综合影响演变而成的。由于各种成土因素，诸如母岩、生物、气候、地形、时间和人类生产活动等综合作用的不同，形成了多种类型的土壤。

土壤是由固、液、气三相物质构成的复杂体系。土壤固相包括矿物质、有机质和生物。在固相物质之间为形状和大小不同的孔隙，孔隙中存在水分和空气。

（一）土壤矿物质

土壤矿物质是岩石经物理风化和化学风化作用形成的，占土壤固相部分总质量的90%以上，是土壤的骨骼和植物营养元素的重要供给源。

1. 土壤矿物质的分类

按成因土壤矿物质可分为原生矿物质和次生矿物质两类。

（1）原生矿物质。

原生矿物质是岩石经过物理风化作用被破碎形成的碎屑，其原来的化学组成没有改变。这类矿物质主要有硅酸盐类矿物、氧化物类矿物、硫化物类矿物和磷酸盐类矿物。

（2）次生矿物质。

次生矿物质是原生矿物质经过化学风化后形成的新矿物，其化学组成和晶体结构均有所改变。这类矿物质包括简单盐类（如碳酸盐、硫酸盐氯化物等）、三氧化物类和次生铝硅酸盐类。次生铝硅酸盐类是构成土壤黏粒的主要成分，故又称为黏土矿物。土壤中许多重要的物理化学性质和物理化学过程都与所含黏土矿物的种类和数量有关。

2. 土壤矿物质的化学组成

土壤矿物质所含的主体元素是氧、硅、铝、铁、钙、钠、钾、镁等，约占96%，其他元素含量多在0.1%以下，甚至低于十亿分之几，称为微量、痕量元素。

3. 土壤的机械组成

土壤是由不同粒级的土壤颗粒组成的。土壤的机械组成又称为土壤的质地，是指土壤中各种不同大小颗粒（砾、沙、粉沙、黏粒）的相对含量。土壤矿物质颗粒的形状和大小多种多样，其粒径从几微米到几厘米，差别很大。不同粒径的矿物质颗粒成分和物理化学性质有很大差异，如对污染物的吸附、解吸和迁移、转化能力，有效含水量及保水保温能力等。为了研究方便，常按粒径大小将土粒分为若干类，称为粒级；同级土粒的成分和性质基本一致。

（二）土壤有机质

土壤有机质是土壤中含碳有机化合物的总称，由进入土壤的植物、动物、微生物残体及施入土壤的有机肥料经分解转化逐渐形成，是土壤的重要成分之一，也是土壤形成的标志。通常土壤有机质可分为非腐殖物质和腐殖物质两类。

非腐殖物质包括糖类化合物（如淀粉、纤维素等）、含氮有机物及有机磷和有机硫化合物，一般占土壤有机质总量的10%~15%。腐殖物质是植物残体中稳定性较大的木质素及其类似物，在微生物作用下，部分被氧化形成的一类特殊的高分子聚合物，具有芳环结构，苯环周围连有多种官能团，如羧基、羟基、甲氧基及氨基等，使之具有表面吸附离子交换、络合、缓冲、氧化还原作用及生理活性等性能。土壤有机质一般占土壤固相物质总质量的5%左右，对于土壤的物理、化学和生物学性状有较大的影响。

（三）土壤生物

土壤中生活着微生物（细菌、真菌、放线菌、藻类等）及动物（原生动物蚯蚓、线虫类等），它们不但是土壤有机质的重要来源，还对进入土壤的有机污染物的降解及无机污染物（如重金属）的形态转化起着主导作用，是土壤净化功能的主要贡献者和土壤质量的灵敏指示剂。

（四）土壤溶液

土壤溶液是土壤水分及其所含溶质的总称，其中溶质包括可溶无机盐、可溶有机物、无机胶体及可溶性气体等。土壤溶液既是植物和土壤生物的营养来源，又是土壤中各种物理、化学反应和微生物作用的介质，是影响土壤性质及污染物迁移、转化的重要因素。

土壤溶液中的水来源于大气降水、降雪、地表径流和农田灌溉，若地下水位接近地表面，也是土壤溶液中水的来源之一。

（五）土壤空气

土壤空气存在于未被水分占据的土壤孔隙中，来源于大气、生物化学反应和化学反应产生的气体（如甲烷、硫化氢、氢气、氮氧化物二氧化碳等）。土壤空气组成与土壤的特性相关，也与季节、土壤水分、土壤深度等条件相关。如在排水良好的土壤中，土壤空气主要来源于大气，其组分与大气基本相同，以氮、氧和二氧化碳为主；而在排水不良的土壤中氧含量下降，二氧化碳含量增加，因此土壤中空气的含氧量比大气少，而二氧化碳的含量高于大气。

三、土壤的基本性质

（一）吸附性

土壤的吸附性能与土壤中存在的胶体物质密切相关。土壤胶体包括无机胶体（如黏土矿物和铁、铝、硅等水合氧化物）、有机胶体（主要是腐殖质及少量的生物活动产生的有机物）、有机－无机复合胶体。

由于土壤胶体具有巨大的比表面积，胶粒表面带有电荷，因此分散在水中时界面上产生双电层，使其对有机污染物（如有机磷和有机氯农药等）和无机污染物有极强的吸附能力。

（二）酸碱性

土壤的酸碱性是土壤的重要理化性质之一，是土壤在形成过程中受生物、气候、地质、水文等因素综合作用的结果，对植物生长和土壤肥力及土壤污染物的迁移转化都有重要的影响。

中国土壤的 pH 值大多在 4.5~8.5，并呈东南酸西北碱的规律。

根据土壤中氢离子存在的形式，土壤酸度分为活性酸度和潜性酸度两类。活性酸度是指土壤溶液中游离氢离子浓度反映的酸度，又称有效酸度，通常用 pH 值表示。潜性酸度是指土壤胶体吸附的可交换氢离子和铝离子经离子交换作用后所产生的酸度。如土壤中施入中性钾肥后，溶液中的钾离子与土壤胶体上的氢离子和铝离子发生交换反应，产生盐酸和三氯化铝。土壤潜性酸度常用 100 g 烘干土中氢离子的摩尔数表示。

土壤碱性主要来自土壤中钙、镁、钠、钾的重碳酸盐、碳酸盐及土壤胶体上交换性钠离子的水解作用。

（三）氧化性、还原性

土壤中存在着多种氧化性和还原性无机物质及有机物质，使其具有氧化性和还原性。土壤中的游离氧和高价金属离子、硝酸根等是主要的氧化剂；土壤有机质及其在厌氧条件下形成的分解产物和低价金属离子是主要的还原剂。土壤环境的氧化作用或还原作用通过发生氧化反应或还原反应反映出来，故可以用氧化还原电位（Eh）来衡量。通常当 $Eh>300$ mV 时，氧化体系起主导作用，土壤处于氧化状态；当 $Eh<300$ mV 时，还原体系起主导作用，土壤处于还原状态。

四、土壤污染

由于人为原因和自然原因，各类污染物质通过多种渠道进入了土壤环境。土壤污染不仅使其肥力下降，还可能成为二次污染源去污染水体、大气、生物，进而通过食物链危害人体健康。

（一）土壤污染的来源

土壤污染源可分为天然污染源和人为污染源。天然污染源来自矿物风化后的自然扩散、火山爆发后降落的火山灰以及由于气象因素或者地质灾害所引起的土壤污染。人为污染源是土壤污染的主要污染源，包括不合理地使用农药、化肥，污水灌溉，使用不符合标准的污泥，城市垃圾及工业废弃物，固体废物随意堆放或填埋，以及大气沉降物等，而且大型水利工程、截流改道和破坏植被也可造成土壤污染。

（二）土壤污染的种类

土壤中污染物种类多，一般可分为有机物、无机物、土壤生物和放射性污染物质，其中化学污染物最为普遍和严重。化学污染物有如重金属、硫化物、氟化物、农药等，生物类污染物主要是病原微生物，放射性污染物主要是锶 –90、铯 –137 等。

（三）土壤污染的特点

（1）土壤污染比较隐蔽，从开始污染到发现污染导致的后果有一个间接、逐步、积累的隐蔽过程，如日本的"镉米"事件。

（2）土壤一旦被污染后就很难恢复，有时被迫改变用途或者放弃使用，严重的污染还会通过食物链危害动物和人体，甚至使人畜失去赖以生存的基础。所以在土壤环境污染研究中，不但要研究污染物的总量，还必须研究污染物的形态和价态，以利于更好地阐明污染物在环境中的迁移转化规律、预测环境质量变化的趋势，也有助于制定环境标准和制定已被污染土壤的治理措施。

（3）污染后果严重，严重的污染会通过食物链危害人类和动植物。

（4）土壤污染的判定比较复杂。土壤污染物的性质与其存在的价态、形态、浓度、化学性质及其存在的环境条件等密切相关。研究表明，地球表面上的每一特定区域都有它特有的地球化学性质，所以在进行判定时一定要依据当地的实际情况进行考虑，其中应将土壤本底值纳入考虑的范围内。

第二节　土壤环境质量监测方案

制定土壤环境质量监测方案首先要根据监测目的进行调查研究，收集相关资料，在综合分析的基础上合理布设采样点，确定监测项目和采样方法，选择监测方法，建立质量保证程序和措施，提出监测数据处理要求，并安排实施计划。下面结合《土壤环境质量标准》（GB 15618—1995）和《农田土壤环境质量监测技术规范》（NY/T 395—2000）的有关内容展开介绍。

一、监测目的

（一）土壤质量现状监测

监测土壤质量的目的是判断土壤是否被污染及污染状况，并预测其发展变化趋势。

（二）土壤污染事故监测

污染物对土壤造成了污染，或者使土壤结构与性质发生了明显变化，或者对作物造成了伤害，因此需要调查分析主要污染物，确定污染的来源、范围和程度，为行政主管部门采取对策提供科学依据。

（三）污染物土地处理的动态监测

在土地利用和处理过程中，许多无机和有机污染物质被带入土壤，其中有的污染物质残留在土壤中，并不断地积累，需要对其进行定点长期动态监测，这样既能充分利用土地的净化能力，又能防止土壤污染，保护土壤生态环境。

（四）土壤背景值调查

通过分析测定土壤中某些元素的含量，确定这些元素的背景值水平和变化情况，了解元素的丰缺和供应状况，为保护土壤生态环境、合理施用微量元素及地方病因的探讨与防治提供依据。

二、资料的收集

广泛收集相关资料，包括自然环境和社会环境方面的资料。

自然环境方面的资料包括土壤类型、植被、区域土壤元素背景值、土地利用、水土流失、自然灾害、水系、地下水、地质、地形地貌、气象等，以及相应图件（如土壤类型图、地质图、植被图等）。

社会环境方面的资料包括工农业生产布局、工业污染源种类及分布、污染物种类及排放途径和排放量、农药和化肥使用状况、污水灌溉及污泥施用状况、人口分布、地方病等以及相应图件（如污染源分布图、行政区划图等）。

三、监测项目

土壤监测项目应根据监测目的确定。背景值调查研究是为了了解土壤中各种元素的含量水平，要求测定的项目多。污染事故监测仅测定可能造成土壤污染的项目，土壤质量监测测定影响自然生态、植物正常生长及危害人体健康的项目。

我国《土壤环境质量标准》规定监测重金属类、农药类及 pH 值等共 11 个项目。《农田土壤环境质量监测技术规范》将监测项目分为三类，即规定必测项目、选择必测项目和选测项目。规定必测项目为《土壤环境质量标准》要求测定的 11 个项目。选择必测项目是根据监测地区环境污染状况，确认在土壤中积累较多、对农业危害较大、影响范围广、毒性较强的污染物，具体项目由各地自行确定。选择项目指新纳入的在土壤中积累较少的污染物，由于环境污染导致土壤性状发生改变的土壤性状指标和农业生态环境指标。选择必测项目和选测项目，包括铁、锰、总钾、有机质、总氮、有效磷、总磷、水分、总硒、有效硼、总硼、总钼、氟化物、氯化物、矿物油、苯并芘、全盐量。

四、监测方法

监测方法包括土壤样品预处理和分析测定方法两部分。分析测定方法常用原子吸收分光光度法、分光光度法、原子荧光法、气相色谱法、电化学分析法及化学分析法等。电感耦合等离子体原子发射光谱（ICP-AES）分析法、X 射线荧光光谱分析法、中子活化分析法、液相色谱分析法及气相色谱 - 质谱（GC-MS）联用法等近代分析方法在土壤监测中也已应用。

第三节　土壤样品的采集与制备

一、土壤样品的采集

采集土壤样品包括根据监测目的和监测项目确定样品类型，进行物质、技术和组织准备，现场踏勘及实施采样等工作。

（一）采样点的布设

1.布设原则

为使布设的采样点具有代表性和典型性，采样点的布设应遵循下列原则。

（1）合理地划分采样单元。在进行土壤监测时，往往涉及范围较广、面积较大，需要划分成若干个采样单元，同时在不受污染源影响的地方选择对照采样单元。因为不同类型的土壤和成土母质的元素组成及含量相差较大，土壤质量监测或土壤污染监测可按照土壤接纳污染物的途径（如大气污染、农灌污染、综合污染等），参考土壤类型、农作物种类、耕作制度等因素，划分采样单元。背景值调查一般按照土壤类型和成土母质划分采样单元。同一单元的差别应尽可能地缩小。

（2）坚持哪里有污染就在哪里布点，并根据技术力量和财力条件优先布设在污染严重、影响农业生产活动的地方。

（3）采样点不能设在田边、沟边、路边、肥堆边及水土流失严重或表层土被破坏处。

2. 采样点数量

土壤监测布设采样点数量要根据监测目的、区域范围大小及其环境状况等因素确定。监测区域大且环境状况复杂，布设采样点就要多；监测范围小且环境状况差异小，布设采样点数量就少。一般要求每个采样单元最少设 3 个采样点。

（二）土壤样品的类型、采样深度及采样量

1. 混合样品

如果只是一般了解土壤污染状况，对种植一般农作物的耕地，只需采集 0~20 cm 耕作层土壤；对于种植果林类农作物的耕地，采集 0~60 cm 耕作层土壤。将在一个采样单元内各采样分点采集的土样混合均匀制成混合样，组成混合样的分点数通常为 5~20 个。混合样量往往较大，需要用四分法弃取，最后留下 1~2 kg，装入样品袋。

2. 剖面样品

如果要了解土壤污染深度，则应按土壤剖面层次分层采样。土壤剖面指地面向下的垂直于土体的切面。在垂直切面上可观察到与地面大致平行的若干层具有不同颜色、性状的土壤。典型的自然土壤剖面分为 A 层（表层、腐殖质淋溶层）、B 层（亚层、淀积层）、C 层（风化母岩层、母质层）和底岩层。

采集土壤剖面样品时，需在特定采样地点挖掘一个 1.0 m × 1.5 m 左右的长方形土坑，深度约在 2 m 以内，一般要求达到母质或潜水层即可。盐碱地地下水位较高，应取样至地下水位层；山地土层薄，可取样至母岩风化层。根据土壤剖面颜色、结构、质地、松紧度、温度、植物根系分布等划分土层，并进行仔细观察将剖面形态、特征自上而下逐一记录。随后在各层最典型的中部自下而上逐层用小土铲切取一片片土壤样，每个采样点的取样深度和取样量应一致。将同层次土壤混合均匀，各取 1 kg 土样，分别装入样品袋。土壤背景值调查也需要挖掘剖面，在剖面各层次典型中心部位自下而上采样，但切忌混淆层次、混合采样。

（三）采样时间和频率

为了解土壤污染状况，可随时采集样品进行测定。如需同时掌握在土壤上生

长的作物受污染的状况，可在季节变化或作物收获期采集。《农田土壤环境监测技术规范》规定，一般土壤在农作物收获期采样测定，必测项目一年测定一次，其他项目 3~5 年测定一次。

（四）采样注意事项

（1）采样同时填写土壤样品标签、采样记录、样品登记表。土壤标签一式两份，一份放入样品袋内，另一份扎在袋口，并于采样结束时在现场逐项逐个检查。

（2）测定重金属的样品，尽量用竹铲、竹片直接采集样品，或用铁铲、土钻挖掘后，用竹片刮去与金属采样器接触的部分，再用竹铲或竹片采集土样。

二、土壤样品的加工与管理

现场采集的土壤样品经核对无误后，进行分类装箱，按时运往实验室加工处理。在运输中应严防样品的损失、混淆和沾污，并派专人押运。

（一）样品加工处理

样品加工又称样品制备，其处理程序是风干、磨细、过筛、混合、分装，制成满足分析要求的土壤样品。

加工处理的目的是除去非土部分，使测定结果能代表土壤本身的组成；有利于样品长时期保存，防止发霉、变质；通过研磨、混匀，使分析时称取的样品具有较高的代表性。加工处理工作应在向阳（勿使阳光直射土样）、通风、整洁、无扬尘、无挥发性化学物质的房间内进行。

1. 样品风干

在风干室将潮湿土样倒在白色搪瓷盘内或塑料膜上，摊成约 2 cm 厚的薄层，用玻璃棒间断地压碎、翻动，使其均匀风干。在风干过程中，拣出碎石、沙砾及植物残体等杂质。

2. 磨碎与过筛

如果进行土壤颗粒分析及物理性质测定等物理分析，取风干样品 100~200 g于有机玻璃板上用木棒、木滚再次压碎，经反复处理使其全部通过 2 mm 孔径（10目）的筛子，混匀后储存于广口玻璃瓶内。

如果进行化学分析，土壤颗粒细度会影响测定结果的准确性，即使是一个混合均匀的土样，由于土粒大小不同，其化学成分及其含量也有差异，应根据分析项目的要求处理成适宜大小的颗粒。一般处理方法是：将风干样在有机玻璃板或木板上用锤、滚、棒压碎，并除去碎石、沙砾及植物残体后，用四分法分取所需土样量，使其全部通过孔径为 0.84 mm（20 目）的尼龙筛。过筛后的土样全部置于聚乙烯薄膜上，充分混匀，用四分法分成两份：一份交样品库存放，可用于土壤 pH 值、土壤交换量等项目测定；另一份继续用四分法分成两份，一份备用，另一份研磨至全部通过 0.25 mm（60 目）或 0.149 mm（100 目）孔径的尼龙筛，充分混合均匀后备用。通过 0.25 mm 孔径筛的土壤样品，用于农药、土壤有机质、土壤全氮量等项目的测定；通过 0.149 mm 孔径筛的土壤样品用于元素分析。样品装入样品瓶或样品袋后，及时填写标签，一式两份，瓶内或袋内 1 份，外贴 1 份。

测定挥发性或不稳定组分如挥发酚、氨态氮、硝态氮、氰化物等时，需用新鲜土样。

3. 注意事项

制样过程中采样时的土壤标签与土壤应始终放在一起，严禁分开，样品名称和编码始终不变。

制样工具必须在每处理一份样后擦抹（洗）干净，严防交叉污染。

分析挥发性、半挥发性有机物或萃取有机物无须上述制样过程，用新鲜样品按特定的方法进行样品前处理。

（二）样品管理

土壤样品管理包括土样加工处理、分装、分发过程中的管理和样品入库保存管理。

土壤样品在加工过程中处于从一个环节到另一个环节的流动状态中，必须建立严格的管理制度和岗位责任制，按照规定的方法和程序工作，按要求认真做好各项记录。

对需要保存的土壤样品，要依据欲分析组分性质选择保存方法。风干土样存放于干燥、通风、无阳光直射、无污染的样品库内，保存期通常为半年。在分析测定工作全部结束，检查无误后，若无须保留可弃去土样。在保存期内，应定期检查样品储存情况，防止霉变、鼠害和土壤标签脱落等。样品库要保持干燥、通风、无阳光直射、无污染。用于测定挥发性和不稳定组分的新鲜土壤样品放在玻璃瓶中，置于温度低于 4 ℃的冰箱内存放，保存半个月。

第四节　土壤样品的预处理

土壤样品的预处理目的是使土壤样品中的待测组分转变为适合测定方法要求的形态、浓度，以及消除共存组分的干扰。土壤样品的预处理方法主要有分解法和提取法，前者用于元素的测定，后者用于有机污染物和不稳定组分的测定。

一、土壤样品分解方法

分解法的作用是破坏土壤的矿物晶格和有机质，使待测元素进入试样溶液中。土壤样品分解法常用的方法有酸分解法、碱熔分解法、高压釜密闭分解法、微波炉加热分解法等。

（一）酸分解法

酸分解法也称消解法，它是测定土壤中重金属常选用的方法。分解土壤样品常用的混合酸消解体系有盐酸 - 硝酸 - 氢氟酸 - 高氯酸、硝酸 - 氢氟酸 - 高氯酸、硝酸 - 硫酸 - 高氯酸、硝酸 - 硫酸 - 磷酸等。为了加速土壤中欲测组分的溶解，还可以加入其他氧化剂或还原剂，如高锰酸钾、五氧化二钒、亚硝酸钠等。

用酸分解样品时应注意：在加酸前，应加少许水将土壤润湿；样品分解完全后，应将剩余的酸除去；若需加热加速分解，应逐渐升温，以免因迸溅引起损失。

（二）碱熔分解法

碱熔分解法是将土壤样品与碱混合，在高温下熔融，使样品分解的方法，所用器皿有铝坩埚、磁坩埚、镍坩埚和铂金坩埚等，常用的熔剂有碳酸钠、氢氧化钠、过氧化钠、偏硼酸锂等。

碱熔分解法具有分解样品完全，操作简便、快速，且不产生大量酸蒸气的特点；但由于使用试剂量大，引入了大量可溶性盐，也易引进污染物质。另外，有些重金属如镉、铬等在高温下易挥发损失。

（三）高压釜密闭分解法

该方法是将用水润湿、加入混合酸并摇匀的土样放入能严格密封的聚四氟乙烯坩埚内，置于耐压的不锈钢套桶中，放在烘箱内加热（一般不超过 180 ℃）分解的方法，该方法具有用酸量少、易挥发元素损失少、可同时进行批量试样分解等特点。

该方法的缺点：看不到分解反应过程，只有在冷却开封后才能判断试样分解是否完全；分解试样量一般不能超过 1.0 g，使测定含量极低的元素时称样量受到限制；分解含有机质较多的土壤时，特别是在使用高氯酸的场合下，有发生爆炸的危险，可先在 80~90℃下将有机物充分分解，再进行密闭消解。

（四）微波炉加热分解法

该方法是将土壤样品和混合酸放入聚四氟乙烯容器中，置于微波炉内加热使试样分解的方法。

由于微波炉加热不是利用热传导方式使土样从外部受热分解，而是以土样与酸的混合液作为发热体，从内部加热使土样分解，热量几乎不向外部传导损失，所以热效率非常高，并且利用微波炉能激烈搅拌和充分混匀土样，使其加速分解。如果用密闭法分解一般土壤样品经几分钟便可达到良好的分解效果。

二、土壤样品提取方法

测定土壤中的有机污染物受热后不稳定的组分，以及进行组分形态分析时，需要采用提取方法。提取溶剂常用有机溶剂、水和酸。

（一）有机污染物的提取

测定土壤中的有机污染物一般用新鲜土样。称取适量土样放入锥形瓶，放在振荡器上，用振荡提取法提取。对于农药苯并芘等含量低的污染物，为了提高提取效率，常用索氏提取器提取法，常用的提取剂有环己烷、石油醚、丙酮、二氯甲烷、三氯甲烷等。

（二）无机污染物的提取

土壤中易溶无机物组分、有效态组分可用酸或水浸取。例如，用 0.1 mol/L 盐酸振荡提取镉、铜、锌，用蒸馏水提取维持 pH 值的组分，用无硼水提取有效态硼等。

（三）净化和浓缩

土壤样品中的欲测组分被提取后，往往还存在干扰组分，或达不到分析方法测定要求的浓度，需要进一步净化或浓缩。常用的净化方法有层析法、蒸馏法等；

浓缩方法有 K-D 浓缩器法、蒸发法等。

土壤样品中的氰化物、硫化物常用蒸馏 - 碱溶液吸收法分离。

第五节　土壤污染的监测内容

一、土壤水分

无论用新鲜土样还是风干土样测定污染组分时，都需要测定土壤含水量，以便计算按烘干土为基准的测定结果。

土壤含水量的测定要点：对于风干样，用感量 0.001 g 的天平称取适量通过 1 mm 孔径筛的土样，置于已恒重的铝盒中；对于新鲜土样，用感量 0.01 g 的天平称取适量土样，放于已恒重的铝盒中；将称量好的风干土样和新鲜土样放入烘箱内，于（105±2）℃下烘至恒重，按以下两式计算水分质量分级：

$$水分含量（分析基）\% = \frac{m_1 - m_2}{m_1 - m_0} \times 100\%$$

$$水分含量（烘干基）\% = \frac{m_1 - m_2}{m_2 - m_0} \times 100\%$$

式中：m_0——烘至恒重的空铝盒质量，g；

m_1——铝盒及土样烘干前的质量，g；

m_2——铝盒及土样烘至恒重时的质量，g。

二、pH 值

土壤 pH 值是土壤重要的理化参数，对土壤微量元素的有效性和肥力有重要影响。pH 值为 6.5~7.5 的土壤，磷酸盐的有效性最大。土壤酸性增强，使所含金属化合物溶解度增大，其有效性和毒性也增大。土壤 pH 值过高（碱性土）或过低（酸性土），均影响植物的生长。测定土壤 pH 值采用玻璃电极法。其测定要点为：称取通过 1 mm 孔径筛的土样 10 g 于烧杯中，加入无二氧化碳蒸馏水 25 mL，轻轻摇动后用电磁搅拌器搅拌 1 min，使水和土充分混合均匀后放置 30 min，用 pH 计测量上部浑浊液的 pH 值。

测定 pH 值的土样应存放在密闭玻璃瓶中，防止受空气中的氨、二氧化碳及酸碱性气体影响。

三、可溶性盐分

土壤中的可溶性盐分是用一定量的水从一定量土壤中经一定时间浸提出来的水溶性盐分。就盐分的组成而言，碳酸钠、碳酸氢钠对作物的危害最大，氯化钠次之，硫酸钠危害相对较轻。因此，定期测定土壤中可溶性盐分总量及盐分的组成，可以了解土壤盐渍程度和季节性盐分动态，为制定改良和利用盐碱土壤的措施提供依据。

测定土壤中可溶性盐分的方法有质量法、比重计法、电导法、阴阳离子总和计算法等，下面简要介绍应用广泛的质量法。

质量法的原理：称取通过 1 mm 筛孔的风干土壤样品 1 000 g，放入 1 000 mL 的大口塑料瓶中，加入 500 mL 无二氧化碳蒸馏水，在振荡器上振荡提取后，立即抽气过滤，滤液供分析测定。取 50~100 mL 滤液于已恒重的蒸发皿中，置于水浴中蒸干，再在 100~105 ℃烘箱中烘至恒重，将所得烘干残渣用 15% 的过氧化氢溶液在水浴上继续加热去除有机质，之后蒸干至恒重，剩余残渣量即为可溶性盐分总量。

水土比例大小和振荡提取时间会影响土壤可溶性盐分的提取，因此不能随便更改，以使测定结果具有可比性。此外，抽滤时应尽可能快速，以减少空气中二氧化碳的影响。

第四章　固体废弃物监测

随着我国工业化进程的不断推进，产生的危险固体废弃物也越来越多。危险固体废弃物是一种集易燃性、腐蚀性、感染性与毒性等于一体的危险物质，体量较大、多种多样且成分复杂，可严重影响环境及人类身体健康。因此对固体废弃物监测就越来越重要，本章主要对固体废弃物监测展开论述。

第一节　固体废弃物管理

解决固体废物污染控制的首要问题是建立和健全固体废物的管理体系、法律法规制度和技术标准。自 20 世纪 70 年代以来，人们逐渐加深了对固体废物环境管理重要性的认识，完善了固体废物管理的法律法规制度，不断加强对固体废物的科学管理，形成了固体废物处理项目的立项、运营、管理的制度体系，构建了多行业资源化利用固体废物的标准体系和技术规范，实现了生态治理的理念。

一、固体废物的管理原则

《中华人民共和国固体废物污染环境防治法》（以下简称《固废法》）确立了固体废物管理必须遵循的基本原则是废物污染防治的减量化、资源化、无害化（以下简称"三化"）原则和全过程管理原则，同时固体废物的管理需要结合企业发展的实际综合考虑。

（一）"三化"原则

《固废法》首先确立了固体废物污染防治的"三化"原则。固体废物污染防治的减量化是指减少固体废物的产生量和排放量。目前我国固体废物的排放量十分巨大，如果能采取措施，最小限度地产生和排放固体废物，就可以从源头上直接减少或减轻固体废物对环境和人体健康的危害，也可以最大限度地合理开发利用资源和能源。减量化的要求不只是减少固体废物的数量和体积，还包括尽可能地减少危险废物的种类，降低有害成分的浓度、减轻或清除其危害特性等。减量化是对固体废物的数量、体积、种类、有害性质的全面管理。因此，减量化是防止固体废物污染环境的优先措施，应当改变粗放经营的发展模式，鼓励和支持开展清洁生产，开发和推广先进的采选工艺和设备，保证矿山资源的充分利用。

资源化是指采取管理和工艺措施从固体废物中回收有用的物质和能源，加速物质和能量循环，创造经济价值广泛的技术方法，换句话说，就是要通过物质回收和物质转换对固体废物进行资源化利用。

无害化是指对已产生又无法或暂时尚不能综合利用的固体废物，经过物理、化学或生物方法，进行对环境无害或低危害的安全处理、处置，达到废物的消毒、解毒或稳定化，以防止并减少固体废物的污染危害。

（二）全过程管理原则

由于固体废物本身往往是其他污染的"源头"，故需要对其产生—收集—运输—综合利用—处理—储存—处置实行全过程管理，在每一个环节都将其作为污染源进行严格的控制。因此，解决固体废物污染控制问题的基本对策是避免产生、综合利用和妥善处置的"3C原则"。近年来，随着循环经济、生态工业园及清洁生产和绿色制造理论、实践的发展，可以通过对固体废物实施减少产生、再利用、再循环策略实现节约资源、降低环境污染及资源永续循环利用的理想目标。

（三）环境保护同经济协调发展原则

经济发展尤其是工业生产是人类生活的物质基础，保障和改善人民的生活需要是经济发展的主要目标。而环境问题的解决，也需要通过发展经济来为其提供资金和技术支持。但是，经济的发展意味着取自环境的矿产资源和排向环境的废弃物都要增加，因而受矿产资源可供量和环境容量的限制，正确处理企业发展与环境保护的关系，必须衡量企业发展与环境保护相互制约的临界线，把企业发展带来的环境问题限制在一定的限度内，在不降低环境质量的要求下使经济能够持续稳定发展、环境保护与经济协调发展，也就是把环境保护纳入企业发展规划中，把环境污染和矿产资源破坏解决于生产过程之中。

（四）预防为主、防治结合原则

西方国家在矿业发展大体都走了一条"先污染后治理"的道路，但是，以牺牲环境为代价发展工业，其后果是使社会和经济为之付出更大的代价。从这一历史教训中，我们认识到在处理固体废物环境问题上，采取"预防为主"的原则是最为重要的。

预防为主是指在环境管理中，通过经济规划及各种管理手段，采取防范性措施，防止工业固体废物破坏环境问题的发生。我国是一个发展中国家，在项目建设过程中，由于资金、技术方面的限制，采取预防为主、防治结合的原则，可以尽量避免环境破坏或者将污染消除于生产过程中，做到防患于未然。面对不可避免的污染和破坏，通过各种恢复治理措施，达到环境保护的要求，这无疑是一种投资少、收获大的举措。

（五）国家宏观调控和市场调节的有机配合原则

对固体废物的管理一定要尊重经济发展规律，充分利用市场竞争机制，因为环境管理是一项政府职能，属于上层建筑范畴，所以要适应经济基础，同时政府也要适度地实施一些国家干预和宏观调控措施，以弥补市场缺陷与不足，市场调节与国家调控有机配合、相辅相成，才能有效地保护环境。

随着市场经济体制的建立及经济全球化和全球经济市场化，市场调节在经济活动中起着越来越重要的作用，市场经济的灵敏性、灵活性很好地补充了宏观政策的相对滞后性。在环境保护中，市场机制可以很好地解决固体废物治理的资金瓶颈问题和技术成果的转化问题。因此，在实行固体废物管理时，要充分利用市场机制，但要摒弃以前的宏观调控手段，单纯依靠市场调控手段也不行，市场的缺陷和失灵呼吁国家进行宏观调控，国家介入市场可以为市场提供必要的规则和制度框架。

二、固体废物管理制度

根据《固废法》及固体废物的特点，对固体废物的管理可以建立以下几种重要管理制度。

（一）分类管理制度

固体废物具有量多面广、成分复杂的特点，因此《固废法》确立了对城市生活垃圾、工业固体废物和危险废物分别管理的原则，明确规定了主管部门和处置原则。《固废法》明确规定"禁止混合收集、贮存、运输、处置性质不相容而未经安全性处置的危险废物"。

（二）工业固体废物申报登记制度

为了使环境保护主管部门掌握工业废物和危险废物的种类、产生量、流向以及对环境的影响等情况，进而有效地防治工业固体废物和危险废物对环境的污染，《固废法》要求实施工业固体废物和危险废物申报登记制度。

（三）固体废物污染环境影响评价和"三同时"制度

固体废物污染环境影响评价和"三同时"制度是我国环境保护的基本制度，《固废法》进一步重申了这一制度。《中华人民共和国环境保护法》第四十一条规定："建设项目中防治污染的设施，应当与主体工程同时设计、同时施工、同时投产使用。防治污染的设施应当符合经批准的环境影响评价文件的要求，不得擅自拆除或者闲置。"这一规定在我国环境立法中称"三同时"制度。

（四）排污收费制度

排污收费制度也是我国环境保护的基本制度，但是，固体废物的排放与废水、废气有着本质的不同。废水、废气排放进入环境后，可以在自然当中通过物理、化学、生物等多种途径进行稀释、降解，并有着明确的环境容量。固体废物进入环境后，并没有被与其形态相同的环境体接纳。固体废物对环境的污染方式是释放出水和大气污染物，而这一过程是长期的和复杂的，并且难以控制。因此，从严格意义上来讲，固体废物是严禁不经任何处理处置排入环境当中的。《固废法》规定：企业事业单位对其产生的不能利用或者暂时不利用的工业固体废物，必须按照主管部门的规定建设储存或者处置的设施、场所，这样，任何单位都被禁止向环境排放固体废物。因此，固体废物排污费的缴纳，是对那些在按照规定和环境保护标准建成固体废物储存或者处置的设施、场所，或者经改造这些设施、场所达到环境保护标准之前产生的固体废物而言的。

（五）限期治理制度

《固废法》规定，没有建设工业固体废物储存或者处置设施、场所，或者已建设但不符合环境保护规定的单位，必须限期建成或者改造。实行限期治理制度是为了解决重点污染源污染环境的问题。对于排放或处置不当的固体废物造成环境污染的企业和责任者，实行限期治理，是有效防治固体废物污染环境的措施。限期治理就是抓住重点污染源，集中有限的人力和物力，解决最突出的问题。如果限期内不能达到标准，就要采取经济手段甚至停产的手段进行制裁。

（六）环境恢复治理保证金制度

对矿山企业来说，矿山环境恢复治理保证金制度是一项结合矿山环境特点新增加的制度，通过启动矿山企业缴纳的保证金来开展矿山环境的恢复治理工作，一旦矿山企业没有履行应尽的义务，没有恢复治理或者恢复治理不达标，就可以启动矿山企业缴纳的保证金来开展矿山固体废物复垦等环境恢复治理工作。如果矿山企业很好地履行了其应尽的义务，较好地完成了矿山环境恢复治理工作，那么该矿山企业缴纳的矿山环境恢复治理保证金在规定的时限内本息全部返还给矿山企业。

（七）危险废物行政代执行制度

由于危险废物具有有害特性，其产生后如不进行适当的处理任由其向环境排放，则可能造成严重危害，因此必须采取一切措施保证危险废物得到妥善处置。《固废法》规定："危险废物产生者未按照规定处置其产生的危险废物被责令改正后拒不改正的，由生态环境主管部门组织代为处置，处置费用由危险废物产生者承担。"行政代执行制度是一种行政强制执行措施，这一措施保证了危险废物能得到妥善、适当的处置，而处置费由危险废物产生者承担，也符合我国"谁污染谁治理"的原则。

（八）危险废物经营单位许可证制度

危险废物的危险特性决定了并非任何单位和个人都能从事危险废物的收集、储存、处理、处置等经营活动，必须既具备达到一定要求的设施、设备，又要有相应的技术能力等条件，必须对从事这方面工作的企业、个人进行审批和培训，建立专门的管理制度和配套的管理程序，因此，对从事这一行的单位的资质进行审查是非常必要的。《固废法》规定："从事收集储存、处置危险废物经营活动的单位，应当按照国家有关规定申请取得许可证。"许可证制度将有助于我国危险废物管理水平的提高，保证危险废物的严格控制，防止危险废物污染环境的事故发生。

（九）危险废物转移报告单制度

危险废物转移报告单制度的建立是为了保证危险废物的运输安全，以及防止危险废物的非法转移和非法处置，保证危险废物的安全监控，防止危险废物污染事故的发生。

三、环境影响评价制度

环境影响评价是对未来环境影响的一种预测分析，属于预测科学范畴，其主要作用有：可以明确开发建设者的环境责任及应采取的行为，可为建设项目的过程设计提出环保要求和建议，可为环境管理部门提供科学依据。《中华人民共和国环境影响评价法》规定，环境影响评价是指规划和建设项目实施后对可能造成的环境影响进行分析、预测和评估，提出预防或者减轻不良环境影响的对策和措施，进行跟踪监测的方法和制度。

环境影响评价是建设项目立项的三项依据（国家实施的建设项目可行性研究、环境影响评价和建设项目评估）之一，具有一票否决权。《中华人民共和国环境保护法》明确规定，凡是对环境有影响的建设项目，都必须执行环境影响评价制度。建设项目的环境影响评价制度只有经项目主管部门预审并依照规定的程序报环境保护行政主管部门批准后，计划部门方可批准建设项目设计任务书。

《中华人民共和国环境影响评价法》第七条规定，国务院有关部门、设区的市级以上地方人民政府及其有关部门，对其组织编制的土地利用的有关规划，区域、流域、海域的建设、开发利用规划，应当在规划编制过程中组织进行环境影响评价，编写该规划有关环境影响的篇章或者说明。规划有关环境影响的篇章或者说明，应当对规划实施后可能造成的环境影响做出分析、预测和评估，提出预防或者减轻不良环境影响的对策和措施，作为规划草案的组成部分一并报送规划审批机关。

该法第八条规定，国务院有关部门、设区的市级以上地方人民政府及其有关部门，对其组织编制的工业、农业、畜牧业、林业、能源、水利、交通、城市建设、旅游、自然资源开发的有关专项规划，应当在该专项规划草案上报审批前进行环境影响评价，并向审批该专项的机关提出环境影响报告书。

该法第十六条规定，国家根据建设项目对环境的影响程度，对建设项目的环境影响评价实行分类管理。

（一）环境影响评价概述

固体废物处置、处理与利用项目的环境影响评价是在建设项目可行性研究阶段进行的一项工作。它通过评价拟建设项目所在地区的环境质量现状，针对拟建设项目的过程特性和污染特征，预测项目开发过程中可能产生的环境影响，评估项目建设后对当地可能造成的不良环境范围和程度，提出避免或减少污染、防止破坏或改善环境的方案和对策，为建设项目选址、合理布局、最终设计和决策提供科学依据，实现经济效益、社会效益和环境效益的协调统一，促进企业的可持续发展。

在项目环境影响评价中，通过明确项目责任人的责任，要求拟建单位提供必要的项目开发信息，从开采、运营直至关闭，包括矿山复垦和生态重建计划在内的全程规划和计划；在项目环境影响评价中，通过实施公众参与和社区磋商机制，减少或解决项目开发可能产生的社会矛盾，增强企业的生态环保意识，在计划决策者、地质工作者、工程设计者、环境管理和环境评价者之间达成一种共识，实现对矿产资源的保护和合理开发；在项目环境影响评价中，通过对项目开发活动可能产生的影响进行费用与效益分析，寻求避免污染、减少污染的最佳途径，为提高生产效率、降低环境成本、科学地进行生态重建提供决策依据。

（二）环境影响评价制度的管理程序

1. 建设项目环境影响评价分级、分类管理

按照《中华人民共和国环境影响评价法》的规定，凡新建、改建或扩建的项目，要根据《建设项目环境影响评价分类管理名录》确定应编制的环境影响报告书、环境影响报告表或填报环境影响登记表。

（1）编写环境影响报告书的项目。新建或扩建过程对环境可能造成重大的不利影响，这些影响可能是敏感的、不可逆的、综合的或以往尚未有过的，这类项目需要编写环境影响报告书。

（2）编写环境影响报告表的项目。新建或扩建过程对环境可能产生有限的不利影响，这些影响是较小的或者减缓影响的补救措施是很容易找到的，通过规定控制或补救措施可以减缓对环境的影响。这类项目可直接编写环境影响报告表，对其中个别环境要素或污染因子需要进一步的分析，可附单项环境影响专题。

2. 建设项目环境影响评价的监督管理

各级主管部门和环境部门在审批项目环境报告书时应贯彻下述原则。

（1）审查该项目是否符合经济效益、社会效益和生态效益相统一的原则。

（2）审核该项目是否贯彻了"预防为主""谁污染谁治理""谁开发谁保护""谁

利用谁补偿"的原则，特别是贯彻"污染者承担"和"环境本能化"原则应是审查的重中之重。

（3）审查该项目环境影响评价过程中是否贯彻了在污染控制上从单一浓度控制逐步过渡到"总量控制"，在污染治理上，从单纯的末端治理逐步过渡到对生产全过程的管理。

（4）应重视景观生态、产业生态、人文生态等在规划布局、结构功能、运行机制等诸多方面是否符合物能良性循环和新型工业化的原则，着眼于实现循环经济，促进可持续发展。环境影响报告书的审查以技术审查为基础，审查方式是专家评审会还是其他形式，由负责审批的环境保护行政主管部门根据具体情况而定。

3. 环境影响评价程序

环境影响评价工作大体分为三个阶段。第一阶段为准备阶段，主要工作为研究有关文件，进行初步的过程分析和环境现状调查，筛选重点评价项目，确定各单项环境影响评价的工作等级，编制评价大纲；第二阶段为正式工作阶段，主要工作为进一步做过程分析和环境现状调查，并进行环境影响预测和评价环境影响；第三阶段为报告书编制阶段，主要工作为汇总，分析第二阶段工作所得的各种资料、数据，给出结论，完成环境影响报告书的编制。

（三）环境影响评价方法

1. 环境信息资料的收集

项目环境信息资料的收集需要项目开发建设单位、环评单位共同协作完成。

（1）建设单位的协作。

建设项目的建设单位需要提供建设项目相应的基本资料，如建设位置、规模、拟建工艺、主要设备、主体工程、辅助工程、公用工程、"三废"产生与处理工作等。如果是技术改造项目，尚需收集现有过程中的上述概况及运行数据。同时，环境与生态数据和资料、项目在勘探阶段获得的基础数据以及早期资料也需收集。

（2）其他收集途径。

除项目开发建设单位提供的基本资料外，项目环境信息的收集途径还包括：从资料管理部门或专业研究机构及环保部门收集生态资源及污染状况资料、数据；通过现场调查、访问、采样及测试和遥感等，取得实际的资料和数据。

（3）公众参与。

公众参与的主体一般有两种：一是一般公众，即受工程建设项目影响的公众个人或社会团体；二是没有直接受到拟建项目的影响，但可能对潜在的环境影响的性质、范围、特点有所了解的专家或专业人士。

在环境影响评价的资料调研阶段，应进行社会调查，包括印发各种调查表、召开各种类型的座谈会收集意见和数据，广泛展开社区磋商与公众参与。

2.调查范围

确定调查范围，有助于分析项目开发引起的主要环境问题，确定环评工作量、帮助建设企业认识项目影响环境的大致范围。

调查范围的划分应针对拟建项目的专业类别、生产规模、排污种类、数量、方式，以及所处地区的地理环境、气象、水文等条件区别对待。

3.环境评价标准

我国现行的环境标准体系包括国家制定的环境质量标准、污染物排放质量标准、污染物排放标准等，还包括地方性（含部门）环境质量标准和污染物排放标准。环境影响评价必须按照有关环境标准进行。

4.项目开发的污染源评价

进行污染源的评价要根据污染源释放的各污染因子的物理、化学及生物特性，以及对环境的影响程度，选择主要调查因子，评价出主要污染源，确定主要污染物，为确定项目环境现状监测因子和环境影响评价因子提供依据。

5.环境影响评价

项目环境影响评价包括污染性环境影响评价和非污染性影响评价，按照《环境影响评价技术导则》要求开展工作。项目污染性环境影响评价要求综合考虑大气、地面水、地下水、土壤和噪声等环境影响评价。生态环境影响评价应按照《环境影响评价技术导则　生态影响》（HJ 19—2022）进行。

6.环境经济损益分析

项目环境经济损益分析就是对建设项目可预见的生态环境问题，通过补偿原则，提出预防、恢复的若干方案，并对各方案的费用与效益进行评价和比较，从中选出净效益最大的方案。

（1）环境经济损益分析的作用。

进行环境经济损益分析，以选择保护环境的最优工程方案和对策，可以减少建设单位在项目开发期和运行期为保护环境所带来的额外费用支付，从而取得最佳经济效益和环境效益。

（2）矿山环境经济损益分析的内容。

项目开发的环境费用包括外部费用和内部费用。外部费用是指项目开发和加工过程对自然资源、环境质量的损害费用，主要包括：项目开发过程中因占压土地和塌陷造成的损失费用；污染损害费用；因污染而造成的人群疾病和伤亡等所需付出的费用；环境及其他资源损害费用。内部费用是防止环境恶化和污染而付出的环境保护费用，主要包括：土建、安装、培训等基建费用；污染控制及废物处理、生态环境治理等运行费用。

项目开发环境保护项目带来的效益包括环境保护设施直接经济效益和间接经济效益。环境保护的直接经济效益主要是物料流失的减少，资源、能源利用率的提高，废物综合利用率的提高等；间接经济效益是环境污染或破坏的减少造成经济损失的减少。

7. 总量控制分析

总量控制是在污染严重、污染源集中的区域或重点保护的区域范围内，通过采取有效的措施，把排入这一区域的污染总量控制在一定的数量之内，使其达到预定环境目标的一种控制手段。

在我国目前环境影响评价的总量控制分析中，一般多采用目标总量控制，即把允许排放的污染物总量控制在管理目标所规定的范围内。这里的"总量"指污染源排放的污染物不超过管理上人为规定能达到的允许限额。它是用行政干预的办法，在弄清工程建设前后污染物排放总量的前提下，提出工程应采取的污染物削减方案和建议，并说明其可行性。

四、固体废物的环境监测

（一）固体废物环境监测的目的和任务

为了控制环境污染和生态破坏，必须寻求导致环境恶化的原因和规律，环境监测就是为解决人类面临的环境问题而采取的手段之一。环境监测是环境保护工作的重要技术支持，它通过一系列的技术活动，测定表征环境因素质量的代表值，为环境管理和环境污染与生态破坏的治理提供科学依据。

作为环境监测的一个重要组成部分，固体废物环境监测的根本目的和任务是为了有针对性地采取预防和治理措施，有效地控制固体废物污染源对环境可能造成的不利影响；同时也是企业检查自己是否符合国家和地方环境法规与标准，指导环境保护措施和清洁生产运行情况，改进环境保护工作的直接手段。

（二）固体废物环境监测的对象和项目

固体废物对环境的影响主要在于诱发地质灾害、侵占土地、植被破坏、土地退化、沙漠化以及粉尘污染、水体污染等。因此，固体废物的环境监测对象和项目主要有以下几点。

1. 固体废物污染源监测

（1）固体废物中的有用价值元素和资源监测。对尾矿、废石等固体废物中的有用价值元素和资源进行分析监测，以便结合经济技术的发展及时进行综合回收利用。

（2）固体废物有害特性监测。根据《危险废物鉴别标准》（GB 5085—2007），对固体废物的腐蚀性、急性毒性初筛和浸出毒性进行鉴别监测。

（3）固体废物处理场粉尘监测。

（4）固体废物处理场地下水、地表水监测。

监测项目包括水温、pH 值、溶解氧、COD、BOD、氨氮、总磷、总氮、铜、锌、氟化物、汞、镉、六价铬、铅、总氰化物、挥发分、石油类等。

2. 固体废物水土保持和植被监测

按照有关建设项目水土保持法规及技术规范，需对固体废物处理场等项目水土流失防治责任区进行水土保持监测。

水土保持监测内容有水土流失因子监测、水土流失量监测、水土保持设施效益监测。主要项目有降雨、面蚀、沟蚀、重力侵蚀、防治区林草覆盖度、土壤侵蚀模数以及水土保持工程措施的运行状况、损害程度等。

3. 固体废物处理场地质安全监测

对固体废物处理场的地质沉降、地下水水位进行长期观测，随时掌握地面沉降情况，建立地质监测档案和预警、预报机制，为安全生产积累资料。

（三）环境监测方法标准及质量管理

1. 环境监测方法标准

环境监测的基本要求之一是可比性，为满足这一要求就需要各个监测单位执行同样的技术规范，使用同样的监测方法，达到同样的技术水平。监测方法标准就是为满足这一要求而制定的，项目环境监测站从建站设计、仪器设备配置计划到日常工作规范都必须遵循环境监测方法标准。由于环境监测项目多，都要制定相应的标准监测方法，有时同一项目还有多种方法供选择，因此环境监测方法标准是我国环境标准中数量最多的一个分支，在已颁布的环境标准中占 60% 以上。由于环境监测方法具有普及意义，为使各个单位都能采用具有权威性、可比性的统一的环境监测方法，标准规定的监测方法不是追求高、新、难，而是强调方法的可行性要强，稳定性和可靠性要高，要易于普及推广。

环境监测方法标准属于推荐性标准，但是由于某种原因采用非标准监测方法时，必须与标准方法进行比对、验证，证明所用非标准方法的可比性和准确性。

2. 环境监测质量管理

环境监测质量管理是对环境监测全过程的质量管理。环境监测是一项科学性较强的工作，其直接产品是监测数据，环境监测质量的好坏集中反映在数据上。环境监测数据的准确与否关系到判断企业是否遵守环境法规，关系到企业的切身利益和形象，因此环境监测工作的质量就是环境监测的关键。

环境监测质量管理是提高监测质量、保证监测数据和成果具有代表性、准确性、精密性、可比性和完整性的有效措施，是环境监测全过程的全面质量管理。要在保证监测数据有效性的前提下，采取一系列有效措施，把监测误差控制在一定的允许范围之内。

监测质量是监测站综合素质和管理水平的体现，我们只有严格地执行监测质量管理的程序，认真地检查并解决好上述各个问题，监测成果的质量才是有保证的。

（四）固体废物环境监测方法

1. 固体废物污染源监测方法

固体废物处置场地下、地表水监测的监测方法按照《地表水和污水监测技术规范》（HJ/T 91—2002）执行；固体废物的腐蚀性、急性毒性初筛和浸出毒性的鉴别监测按照《危险废物鉴别标准》（GB 5085—2007）执行；固体废物处置场粉尘监测可根据《环境空气质量监测规范》（试行）或《环境空气质量手工监测技术规范》（HJ 194—2017）执行。

2.固体废物水土保持监测方法

根据项目区水土流失的特点，可拟定监测方法与监测技术，监测点布设方式、监测频率、监测时间、步骤、所需设备等具体内容，由监控单位按审批的水土保持方案，依据《水土保持监测技术规范》，在编制监测细则中确定并实施。

3.固体废物处置场植被状况监测

其主要指标包括植物种类、植被类型、林草生长量、林草植被覆盖度、郁闭度（乔木）等，采用典型样方进行调查，样方大小视具体情况而定，每一样方重复两次，一般情况下草本样方为 1 m×1 m，灌木样方为 5 m×5 m，乔木样方为 20 m×20 m。

五、大数据在固体废物管理中的应用

（一）固体废物管理工作的特点

1.我国固体废物现状

固体废物是指人类在生产、生活和其他活动中产生的丧失原有价值或者虽未丧失利用价值但被抛弃或者放弃的物品、物质。不同于其他污染物，固体废物具有二元性的特点。其本质属性是污染性，但同时也具有资源性。在一定技术和市场条件下，固体废物可以转换为资源。有的废物资源性明显，通过再生利用可以得到与天然原料相同的品质，比如废铜、废铝和废钢铁等。而资源性较低的废物，则为废纸、废塑料和废橡胶等。另外，固体废物还具有隐蔽性和可移动性，具有潜在的环境风险。固体废物的全生命周期涉及产生、储存、转移、利用和处置等多个环节，运用传统的管理手段难以准确掌握各个环节的信息，不利于环境风险防控和资源利用。

2.固体废物管理面临的挑战

（1）传统管理方式不适应时代要求。

我国现有的固体废物产生源管理主要采用申报登记制度。具体业务流程是，企业填写制式表格，由各级管理部门逐级审核批准，并对管理对象进行日常监督、检查。随着时代的发展，这种管理模式逐渐显露出审批周期长、效率低、企业填报负担重、数据真实性有待提高等问题。

（2）危险废物转移管理工作压力大。

按照现行的危险废物转移联单管理要求，危险废物转移应填写五联单，每个危险废物的转移流程需要五个不同的管理部门与企业审核和确认。对于跨市、跨省转移等业务，还需要经过不同地区环境管理部门的审批。整个转移过程涉及的审批和确认周期长、效率低；同时，也增加了企业的时间成本和管理部门的工作压力。

（3）基础数据支撑不足。

现有的信息系统主要采集企业填报，由各级管理部门汇总和上报的申报登记数据，其中一些是年报或季报数据。另外，还有部分数据由于各种原因未纳入申报登记范围。这就造成了基础数据的时间、空间、数量等维度不足，数据的密度和效率低，难以形成大数据分析所必须的基础数据支撑。

（4）未完全实现数据开放和共享。

现有的部分信息系统还存在"信息孤岛"和"数据烟囱"现象，各业务系统的数据无法实现便捷的开放和共享。这种情况不利于生态环境大数据平台的建设，也不符合大数据的开放精神。

（二）大数据建设提升固体废物管理能力

1.固体废物应用大数据管理的优势

（1）大数据平台促进固体废物智慧管理。

随着信息技术的发展，原有管理模式应逐步向大数据管理转变。这是一种由被动管理向主动和智慧管理的转变。传统管理的流程是出现问题、逻辑分析、找出因果关系、提出解决方案，从而解决问题，是一种亡羊补牢的逆向思维管理。大数据管理的流程是收集数据、量化分析、找出相互关系、提出优化方案，从而避免出现问题。大数据管理模式是防患于未然的正向思维管理模式，这种模式是一种智能化的主动管理方式，是今后管理模式的发展方向。生态环境部固体废物与化学品管理技术中心建设的固体废物管理大数据平台可采取建立统一的标准规范、开放数据接口等方式接入全国数十万家固体废物企业的真实数据，并通过数据模型进行动态跟踪、汇总分析、预警预报和趋势预测等大数据应用。

（2）物联网提升危险废物转移管理。

随着信息技术的发展和危险废物管理要求的提升，物联网已经成为数据采集和实时监管的重要手段。结合物联网全面感知、可靠传递、智能控制的特征，以及处理不同设备之间的兼容性、海量数据实时处理等能力，构建一套稳定、可靠、安全和可扩展的数据网络体系，可以实现危险废物从产生、储存、运输到处置的全过程实时动态监管。管理部门可通过物联网大数据平台实时掌握危险废物的基本属性、存放情况、转移路线、实时点位、应急处置措施、周边环境敏感区域、处置情况和利用情况等信息。

2. 固体废物大数据建设实践

（1）工业共生大数据应用研究。

大城市的工业具有高密度和多样性等特点，这为工业共生提供了更多的可能，也促进了废物的资源化。为了解决基础数据不足的问题，研究人员运用网络爬虫技术搜集和利用现有的公开数据库，构建大数据模型分析必要的企业信息、产品信息、经营财务信息和地理位置信息等基础数据，并采用数据挖掘技术建立数字地图。研究人员以可持续发展理念为基础，结合企业原料、产品产量、生产工艺和废物特点等因素，通过大数据关联分析实现废物产生企业与利用企业的科学匹配，合理规划工业园区布局。在解决废物转移和处置问题的同时，也为利用企业提供了生产原料。通过合理规划，在理论上可以实现共生工业园区内废物的零排放。

（2）危险废物动态管理系统。

为了加强对危险废物的监控管理，基于大数据和物联网技术建成了危险废物动态管理系统。环境保护部门与交通运输管理部门共享危险废物运输数据，避免了重复建设。系统采用数据驱动方法，在危险废物运输车辆上安装物联网实时监控设备，并 24 h 不间断捕获废物信息、地理位置、图像和视频数据等数据信息，通过无线网络发送到数据中心存储和处理。目前，每月的数据量达 TB 级，而且数据量还在快速增长。如果在危险废物转移过程中发生突发事件，环保部门可以利用信息系统快速确定运输车辆的位置、车型、号牌等信息，并通过大数据技术实时自动检索和匹配该车辆的历史行为、行车路线以及车辆营运公司、驾驶人等信息。

（三）固体废物大数据建设的设想

现今的大数据建设仍存在一些问题，主要有以下三点：①基础数据支撑不足；②信息公开、废物资源化、辅助决策等功能不完善；③部分系统存在重复建设、安全性不高等情况。

大数据在固体废物领域的应用是大势所趋。未来的大数据应用将重点体现在以下三个方面：①服务社会，实现数据共享和信息公开。②服务于日常管理。固体废物管理部门可以通过大数据应用辅助决策，落实简政放权，实现智慧管理。③服务于环境应急。通过对固体废物全生命周期数据的实时采集和动态分析，整合应急资源，服务应急救援。

第二节　固体废弃物监测

目前，环境污染的主要问题是水污染和大气污染，但是，其他的环境污染问题如固体废物的污染也是不可忽略的重要问题，并随着经济的发展和资源的枯竭越显迫切。固体废物不同于大气污染和水污染，它并不是一种环境介质，而是一种污染物，它本身不会被污染，而是造成其他环境介质和环境要素的污染。因此，了解固体废物的来源和危害，加强固体废物的检测和管理是环境保护工作的重要任务之一。

一、概述

（一）固体废物的定义

人类生存的空间中固体废物随处可见，人们所熟知的有生活垃圾、废纸、废旧塑料、废旧玻璃、陶瓷器皿等固态物质。人们对固体废物的理解并不完全一致，目前尚无学术上统一的确切界定，许多国家把污泥、人畜粪便等半固态物质和废酸、废碱、废油、废有机溶剂等液态物质也列入了固体废物。《固废法》中规定：固体废物，是指在生产、生活和其他活动中产生的丧失原有利用价值或者虽未丧失利用价值，但被抛弃或者放弃的固态、半固态和置于容器中的气态的物品、物质，以及法律、行政法规规定纳入固体废物管理的物品、物质。固体废物是一个相对概念，因为从一个生产环节来看，人们往往认为被丢弃的物质是废物，是无用的，但从另一生产环节来看又往往可作为生产原料，是有用的。因此固体废物又有"在时空上错位的资源"的称谓。

（二）固体废物的分类

1. 固体废物的来源

固体废物来自人类活动的许多环节，主要包括生产过程和生活过程的一些环节。表4-1列出了从各类发生源产生的主要固体废物。

表4-1　从各类发生源产生的主要固体废物

发生源	产生的主要固体废物
居民生活	食物、燃料灰渣、布垃圾、废器具、脏土、纸、碎砖瓦、木、庭院植物修剪物、玻璃、金属、陶瓷、塑料、粪便、杂品等
食品加工	硬壳果、肉、水果、谷物、烟草、蔬菜等
纺织服装工业	橡胶、金属、纤维、布头、塑料等
农业	水果、果树枝条、秸秆、糠秕、农药、蔬菜、人和禽畜粪便等
矿业	废木、废石、砖瓦和水泥、沙石、尾矿、金属等
建筑材料工业	陶瓷、纤维、石、黏土、金属、纸、石膏、沙、石棉、水泥等
石油化工工业	橡胶、陶瓷、塑料、石棉、化学药剂、涂料、污泥、油毡、金属、沥青等
市政维护、管理部门	脏土、金属、死禽畜、污泥、碎砖瓦、锅炉灰渣、树叶等
电器、仪器仪表灯工业	橡胶、金属、研磨料、化学药剂、绝缘材料、玻璃、木、陶瓷、塑料等
商业、机关	纸,布,陶瓷,玻璃,食物,脏土,垃圾,塑料,木,燃料灰渣,金属,管道,含有易爆、易燃、放射性的废物,粪便,沥青,庭院植物修剪物,腐蚀性废器具,碎砖瓦,碎砌体,杂品,其他建筑材料以及废汽车、废器具、废电器等
橡胶、皮革、塑料等工业	纤维、皮革、橡胶、线、塑料、布、金属、染料等
冶金、金属结构、交通、机械等工业	污垢、烟尘、模型、金属、废木、灰渣、塑料、沙石、陶瓷、橡胶、绝热和绝缘材料、涂料、黏结剂、纸、管道、各种建筑材料等
造纸、林业、印刷等工业	碎木、金属填料、塑料、锯末、刨花、化学药剂等
核工业和放射性医疗单位	污泥、粉尘、含放射性废渣、金属、器具和建筑材料等

2. 固体废物的分类

固体废物来源广泛、种类繁多、组分复杂,分类方法也多种多样。按其化学成分可分为有机废物和无机废物;按其危害性可分为一般固体废物和危险固体废物;按其形态可分为固体废物和泥状废物。为了便于管理,通常按其来源分类。《固废法》中将固体废物分为城市固体废物、工业固体废物和危险废物三大类。考虑到我国是农业大国,农业废弃物的数量日渐增多,对环境的污染越来越严重,有必要把它单独列出。因此本节将固体废物分为城市固体废物、工业固体废物、农业固体废物和危险废物四大类。

（1）城市固体废物。

城市固体废物主要是指在城市日常生活中或者为城市日常生活提供服务的活动中产生的固体废物。一般来说，城市每人每天的垃圾量为 1~2 kg，其多寡及成分与居民物质生活水平、习惯、废旧物资回收利用程度、市政建筑情况等有关。这么多人生活在一个城市，而城市又是高度集中、环境被大大人工化的地区，城市垃圾所产生的污染极为突出。

（2）工业固体废物。

工业固体废物是指在工业、交通等生产过程中产生的固体废物。工业固体废物主要包括冶金工业固体废物、采矿废石、染料废渣、冶炼废渣、化工生产以及选矿尾矿等。工业固体废物按其来源及物理性状可分为六类，主要包括石油化学工业固体废物、轻工业固体废物、冶金工业固体废物、矿业固体废物、能源工业固体废物和其他工业固体废物等。

（3）农业固体废弃物。

农业固体废物是指来自农、林、牧、渔各业生产，畜禽饲养，农副产品加工以及农村居民生活所产生的废物，如植物秸秆、人和畜禽的粪便等。我国农业的废弃物以稻草、麦草和玉米秆为主，每年稻草和麦草的产量达 3 亿 t，玉米秆达 2 亿 t。由于各种原因，大部分都被丢弃于田间地头，一部分靠焚烧处理，每年约有 3.5 亿 t 作物秸秆被燃烧掉。

（4）危险废物。

危险废物又称有害废物，泛指除放射性废物外，具有反应性、易燃性、传染性、腐蚀性、毒性、爆炸性，可能对人类的生活环境产生危害的废物。危险废物的越境转移已成为严重的全球环境问题之一，如不采取措施加以控制，势必会对全球造成严重危害。危险废物的鉴别是指列入国家危险废物名录或者根据国家规定的危险废物鉴别标准和鉴别方法认定具有危险特性的废物。

（三）固体废物的危害

随着经济的不断增长、生产规模的不断扩大和人类需求的不断增加，固体废物排放量增长十分迅速。工业固体废物的增长非常迅速，与经济发展几乎是同步的。固体废物排放量的增长给环境带来了一系列问题，对人类环境的危害主要表现在以下几个方面。

1. 侵占土地

固体废物不能到处迁移和扩散，必须占用大量的土地，堆积量越大，占地越多。由于大量固体废物的产生与积累，已有大片土地被堆占。据估算，每堆积 10 000 t 废物，约占地 1 亩（1 亩≈666.67 m^2）。城市固体废物侵占土地的现象已经越来越严重，我国现在堆积的工业固体废物有 $6×10^9$ t，生活垃圾有 $5×10^8$ t，估计每年有几万公顷的土地被它们侵占，同时也严重破坏了地貌、植被和自然景观。这对人口众多、可耕地面积较少的我国而言，将是极大的威胁。

2. 污染土壤

废物堆放或未采取适当措施防渗的垃圾填埋场，有毒有害组分很容易因日晒雨淋、地表径流的侵蚀风化等原因而侵入土壤，使土壤酸化、盐碱化、毒化，改变土壤的性质，破坏土壤的结构，影响土壤微生物的活动或杀灭微生物，使土壤丧失腐解能力，导致草木不生。另外，被废物污染的土地面积往往大大超过堆放所占据的面积。

3. 污染大气

固体废物在自然环境中堆置很容易受物理化学作用产生飞尘、恶臭等有害气体，污染大气环境。除此之外，固体废物中所含的粉尘及其他颗粒物大部分都含有对人体有害的成分，有的还是病原微生物的载体，对人体健康造成危害。城市堆放的生活垃圾，非常容易发酵腐化，产生恶臭，导致蚊蝇、老鼠等滋生繁衍，有导致传染疾病的潜在危险。某些固体废物如煤矸石自燃会散发出大量的 SO_2、CO_2 等气体，造成严重的大气污染。另外，采用焚烧法处理固体废物也会污染大气。

4. 污染水体

许多沿江河湖海的城市和工矿企业，长期直接把固体废物排入邻近水域。这种做法不仅破坏了天然水体的生态平衡，妨碍水资源的利用，还会使水域面积减少，严重时会阻塞航道。据统计，全国水域面积和中华人民共和国成立初期相比，已减少了 $1.33×10^7 m^2$。全国水系沿岸的发电厂，每年向长江、黄河水域排放数以千万吨的灰渣。大量固体废物向海洋倾倒和堆积，严重污染了沿海滩涂和邻近水域，恶化了生态环境，破坏了滩涂地貌。

5. 其他危害

某些特殊的有害固体废物的排放，除造成以上危害外，固体废物还可能造成燃烧、爆炸、严重腐蚀、接触中毒等特殊危害。大量的资源、能源会随固体废物的排放而流失，最后以各种方式和途径由呼吸道、消化道和皮肤进入人体，对人类健康的影响具有多样性、长期性和潜在性。另外，固体废物在城市里大量堆放如果处理不妥，不仅影响市容，而且影响城市卫生，会造成潜在的长期威胁，加剧对人类的危害。

二、固体废物样品的采集和制备

（一）样品的采集

1.采样前的准备

为使采样的固体废物样品具有足够的代表性，在采集之前首先要进行调查，对固体废物的来源、生产工艺过程、废物的类型、排放数量、堆积历史、危害程度和综合利用等情况进行研究，在此基础上制定详细的采样方案。如果采集有害废物还应根据其有害特性采取相应的安全措施。

2.采样工具

常用的采样工具有钢尖镐、具盖采样桶、尖头钢锨、采样铲、采样钻、气动和真空探针等。

3.采样程序

根据《工业固体废物采样制样技术规范》（HJ/T 20—1998）进行操作。主要有三个步骤：①根据固体废物批量大小确定份样数；②根据固体废物的最大粒度确定份样量；③根据固体废弃物的赋存状态，选用不同的采样方法，在每个采样点上采取一定质量的物料，组成总样，并认真填写采样记录。

（1）确定份样数。

份样是指一批废物中的一个点或一个部位，按规定量取出的样品。

根据固体废物批量大小按表4-2确定应采的份样个数。

采样单元的多少主要取决于两方面：一方面是采样的准确度，采样的准确度要求越高，采样单元应越多；另一方面是物料的均匀程度，物料越不均匀，采样单元就应越多。最少采样单元数可以根据物料批量的大小进行估计。

表 4-2　批量大小与最少份样数

批量大小 /t	最少份样个数 / 个
<1	5
≥ 1	10
≥ 5	15
≥ 30	20
≥ 50	25
≥ 100	30
≥ 500	40
≥ 1 000	50
≥ 5 000	60
≥ 10 000	80

（2）确定份样量。

试验所需样品的最小质量可根据经验公式 $m_Q=kda$ 确定。式中，k、a 为经验常数，试样越不均匀，k 值越大，a 一般取 1.5~2.7；d 为试样的最大粒度直径。固体废物的最大粒度通常按表 4-3 确定每个份样应采的最小质量。

表 4-3　份样量和采样铲容量

最大粒度 /mm	最小份样质量 /kg	采样铲容量 /mL
>150	30	
100~150	15	16 000
50~100	5	7 000
40~50	3	1 700
20~40	2	800
10~20	1	300
10	0.5	125

（二）样品的制备

1. 制样要求

（1）在制样的全过程中，应防止样品发生变化和产生污染，尽量保持样品原有的状态。

（2）对于潮湿的样品，应该置于室温下自然干燥，令其达到适于破碎、筛分、缩分的程度。

（3）制备的样品应按要求过筛，装瓶备用。

2. 制样工具

制样工具有粉碎机械、标准套筛、药碾、十字分样板、钢锤、机械缩分器等。

3. 制样程序

原始的固体试样往往数量很大、颗粒大小悬殊、组成不均匀，无法进行试验分析。因此在试验分析之前，需对原始固体试样进行加工处理，称为制样。制样主要包括以下几个步骤。

（1）干燥。

将所采样品均匀平铺在洁净、干燥、通风的房间内自然干燥。种类较多的样品应该用滤纸隔开，以避免样品受外界环境污染和交叉污染。

（2）破碎。

用机械或手动方法把全部样品逐级破碎，以使样品的粒度减小到可以通过 5 mm 的筛孔。将干燥后的样品根据其硬度和粒径的大小，采用适宜的粉碎机械，分段粉碎至所要求的粒度，不可随意丢弃难以破碎的粗粒。

（3）筛分。

根据样品的最大粒径选择相应的筛号，分阶段筛出全部粉碎样品，以保证 90% 以上的样品处于某一粒度范围。筛上部的样品应全部返回粉碎工序重新粉碎，不得随意丢弃。

（4）缩分。

缩分通常采用四分法。在平整、清洁、不吸水的板面上将样品堆成圆锥形，使每铲物料都自圆锥的顶端落下，反复转锥，使其充分混合。然后将物料摊开，分成四等份，重复操作切分数次，直至得到需要的试样量为止。

第三节　固体废弃物处理

随着工业社会的到来，社会生产力迅速提高，工业化和城市化进程加快，人口向城市不断集中，工业固体废物和城市生活垃圾产生量剧增，固体废物特别是城市垃圾已成为破坏城市景观和污染环境的重要污染物。因此，做好城市固体废物污染控制规划，对减少固体废物对环境和人体健康的影响和危害有着重要的作用。

一、固体废物处理的基本原则

固体废物处理（treatment of solid wastes）是指通过物理、化学、生物等不同方法，使固体废物转化成适于运输、储存、资源化利用以及最终处置的一种过程。随着对环境保护的日益重视以及正在出现的全球性的资源危机，工业发达国家开始从固体废物中回收资源和能源，并且将再生资源的开发利用视为"第二矿业"，给予高度重视。我国于20世纪80年代中期提出了"无害化""减量化""资源化"的控制固体废物污染的技术政策，今后的趋势也将是从无害化走向资源化。

1."无害化"

固体废物"无害化"（innocuity）处理是指将固体废物通过一系列处理，达到不损害人体健康、不污染周围自然环境的目的。目前，固体废物"无害化"处理技术有：垃圾焚烧、卫生填埋、堆肥、粪便的厌氧发酵、有害废物的热处理和解毒处理等。其中，"高温快速堆肥处理工艺""高温厌氧发酵处理工艺"，在我国已达到实用程度；"厌氧发酵工艺"用于废物"无害化"处理的理论已经成熟；我国的"粪便高温厌氧发酵处理工艺"在国际上一直处于领先地位。

2."减量化"

固体废物的"减量化"（minimization）是指通过适宜的手段减少和降低固体废物的数量和容积。为达到这一目的，需要从两方面着手：一是减少固体废物的产生；二是对固体废物进行处理利用。首先从废物产生的源头考虑，为了解决人类面临的资源、人口、环境三大问题，人们必须注重资源的合理、综合利用，包括采用经济合理的综合利用工艺和技术，确定科学的资源消耗定额等。另外，对固体废物采用压实、破碎、焚烧等处理方法，也可以达到减量和便于运输、处理的目的。

3."资源化"

固体废物"资源化"（resource recovery）是指采取合适的工艺技术，从固体废物中回收有用的物质和能源。一方面随着工业文明的高速发展，固体废物的数量以惊人的速度不断增长；另一方面世界资源也正以惊人的速度被开发和消耗，维持工业发展命脉的石油和煤炭等不可再生资源已经濒于枯竭。在这种形势下，日本等许多国家纷纷把固体废物资源化列为国家的重要经济政策。世界各国的废物资源化的实践表明，从固体废物中回收有用物资和能源的潜力相当大。

我国虽然资源总量丰富，但人均资源不足。而且我国资源利用率低、浪费严重。据统计，一方面在我国的国民经济周转中，社会需要的最终产品仅占原材料的 20%~30%，即 70%~80% 成为废物；另一方面我国的废物资源利用率也很低，与发达国家的差距很大。因此，固体废物资源化及开发再生资源，更应该成为我国应对资源危机、解决生存与环境问题的策略。

固体废物资源化的优势很突出，主要有以下几个方面：①生产成本低，如用废铝炼铝比用铝矾土炼铝可减少资源 90%~97%，减少空气污染 95%，减少水质污染 97%；②能耗少，如用废钢炼钢比用铁矿石炼钢可节约能耗 74%；③生产效率高，如用铁矿石炼 1 t 钢需 8 个工时，而用废铁炼 1 t 钢只需 2~3 个工时；④环境效益好，可除去有毒、有害物质，减少废物堆置场地，减少环境污染。

二、固体废物污染现状

固体废物若不经一定的处理和处置，长期堆存不仅占用大量土地，而且会造成对水体和大气的严重污染和危害。

有害固体废物长期堆存，经过雨雪淋溶，可溶成分随水从地表向下渗透，向土壤迁移转化，富集有害物质，使堆场附近土质酸化、碱化、硬化，甚至发生重金属型污染。例如，一般的有色金属冶炼厂附近的土壤里，铅含量为正常土壤中含量的 10~40 倍，铜含量为 5~200 倍，锌含量为 5~50 倍。这些有毒物质一方面通过土壤进入水体，另一方面在土壤中发生积累而被植物吸收，毒害农作物。

工业固体废物和城市垃圾在雨水、雪水的作用下，流入江河湖海，造成水体的严重污染与破坏；如果将工业固体废物或城市垃圾直接倒入河流、湖泊或沿海海域，会造成更大的污染。我国每年有 1 000 多万 t 固体废物倾倒在江、河、湖泊，污染水体，使湖泊使用面积减少。

此外，工业固体废物与城市垃圾在堆放过程中，在温度、水分作用下，某些有机物质发生分解，产生有害气体；一些腐败的垃圾废物散发腥臭味，造成对空气的污染。例如，我国某地有些煤矿堆积如山的煤矸石发生自燃时，火势蔓延，难以扑灭，同时释放出大量 SO_2，污染环境。

我国工业固体废物每年产生量约 8.0 亿 t，排入量约 7.0 亿 t，历年累积堆放达 65.0 亿 t 左右，其中危险废物约占 5%。目前，工业固体废物的综合利用率只有 45%，其余大都堆存在城市工业区和河滩荒地上，风吹雨淋成为严重的污染源，并使污染事件不断发生，造成严重后果。

三、固体废物预处理

固体废物处理是通过物理、化学和生物的方法，使固体废物转化成适于运输、储存、资源化利用以及最终处置的一种过程。按其处理过程可分为预处理和资源化两个阶段；按其处理方法可分为物理处理、化学处理和生物处理等。

固体废物预处理（pretreatment）又称前处理，是资源化前的预处理，主要包括收集、运输、压实、破碎、分选等工艺过程。预处理常涉及固体废物中某些组分的分离与收集，因而往往又是一种回收材料的过程。

（一）固体废物的收集和运输

固体废物的收集（collection）是一项困难又复杂的工作，尤其是城市垃圾的收集更加复杂。由于产生垃圾的地点分散在每条街道、每幢住宅和每个家庭，且垃圾的产生不仅有固定源，还有移动源，因此给垃圾的收集工作带来许多困难。

一般产生废物较多的工厂在厂内外都建有自己的堆场，收集、运输工作由工厂负责。零星、分散的固体废物（工业下脚料及居民废弃的日常生活用品）则由商业部门所属废旧物资公司负责收集。此外，有关部门还组织城市居民、农村基层供销合作社收购站代收废旧物资。回收的品种有黑色金属、有色金属、橡胶、塑料、纸张、破布、玻璃、机电、五金、化工下脚料等十六大类1 000多个品种。

城市垃圾包括生活垃圾、商业垃圾、建筑垃圾、粪便及污水处理厂的污泥等。在我国，它们的收集工作是分开处理的：商业垃圾及建筑垃圾原则上由产生单位自行清除；粪便的收集按其住宅有无卫生设施分成两种情况，具有卫生设施的住宅，居民粪便的小部分进入污水厂做净化处理，大部分直接排入化粪池。没有卫生设施的使用公厕或倒粪站进行收集，并由环卫专业队伍用真空吸粪车清除、运输，一般每天收集一次，当天运出市区。

我国对城市生活垃圾的收集，一般是由垃圾发生源送至垃圾桶（箱），统一由环卫工人将垃圾桶（箱）装入垃圾车，再运至中转站，最后由中转站运到最终处理场或填埋场处置，形成了一套有固定模式的收集—中转—集中处置系统。城市生活垃圾的收集频率由季节、气候、垃圾数量和民众需求等因素决定。医院垃圾则由医院自行焚烧处理，再送至处置场所。

在有些发达国家，垃圾的收集和加工处理系统已经逐渐系统化、现代化和自动化。美国、英国、法国和瑞士等国，由居民从垃圾中分出玻璃、黑色金属、织物、废纸、纸板等，分装入不同的垃圾箱或不同颜色的垃圾袋，进行垃圾分类收集，这样就可以将不同成分的垃圾直接运往垃圾处理厂。目前，在我国的一些城市也正在进行垃圾科学分装和收集处理。

比较先进的垃圾收集和运输方法是采用管道输送。在瑞典、美国和日本的有些城市就是采用管道输送垃圾的，并已取代了部分垃圾车，这是最有前途的垃圾输送方法。利用气流系统，可将垃圾从多层住宅运出 20 km 之外。

收集和运输垃圾的费用很大，在发达国家已达到处理总费用的 80%。运输费用与焚烧、填埋或处理厂的距离成正比，由于处理厂必须与居民区保持足够的距离，必然会增加运费；但是，如果对垃圾收集和运输线路进行优化，并采取垃圾分类方法，所需运输费用则会有所降低。

（二）固体废物的压实

压实又称压缩（compressing），是一种采用机械方法将固体废物中的空气挤压出来、减少其空隙率以提高其聚集程度的过程。其目的：一是为了减少体积、增加容重以便于装卸和运输，降低运输成本；二是制作高密度惰性块料以便于储存、填埋或做建筑材料。大部分固体废物（除焦油、污泥等）都可进行压实处理。

压实技术最初主要用来处理金属加工业排出的各种松散废料，后来逐步发展到处理城市垃圾如纸箱、纸袋和纤维制品等。一般固体废物经过压缩处理后，压缩比（体积减小的程度）为 3~5，如果同时采用破碎和压实技术，其压缩比可增加到 5~10。压缩后的垃圾或袋装或打捆，对于大型压缩块，往往先将铁丝网置于压缩腔内，再装入废物，因而压缩完成后即已牢固捆好。

除了便于运输外，固体废物压实处理还具有以下优点。

1. 减轻环境污染

经过高压压缩的垃圾块切片，显微镜镜检结果表明，它已成为一种均匀的类塑料结构。日本东京湾的垃圾块在自然暴露 3 年后检验，没有任何可见的降解痕迹，足见其确已成为一种惰性材料，从而减轻了对环境的污染。

2. 快速安全造地

用惰性固体废物压缩块做地基或填海造地的材料，上面只需覆盖很薄的土层，所填场地不必做其他处理或等待多年的沉降，即可利用。

3. 节省储存或填埋场地

对于废金属切屑、废钢铁制品或其他废渣，其压缩块在加工利用之前，往往需要堆存保管，对于放射性废物要深埋于地下水泥堡或废矿坑等中，压缩处理可大大节省储存场地；对于城市垃圾的填埋处置，生活垃圾压缩后容积可减少60%~90%，从而可大大节省目前国内外均日趋紧张的填埋用地。

固体废物的压实过程是用固体废物压实器完成的，其结构主要由容器单元和压实单元两部分组成。容器单元接收废物，压实单元利用液压或气压作动力，使废物致密化。压实器有固定式和移动式两种形式，固定式一般设在废物转运站、高层住宅垃圾滑道底部等需要压实废物的场合，移动式压实器一般安装在收集垃圾的车上，收集到废物后即行压缩，随后运往处置场地。

固体废物压实处理流程随固体废物性质的差异和处理目的的不同而不尽相同。垃圾先装入垫有铁丝网的容器中，然后送入压实机压缩，压力为160~200 kgf/cm²（1 kgf ≈ 9.8 N），压缩比为 5。压块由上向运动活塞推出压缩腔，送入 180~200 ℃的沥青浸渍池浸渍 10 s，以涂浸沥青防漏，冷却后经输送皮带装入汽车运往垃圾填埋场。压缩污水经油水分离器进入活性污泥处理系统，处理水经灭菌除污后排放。

（三）固体废物的破碎

固体废物破碎（fragmentation）就是利用外力克服固体废物质点间的内聚力而使大块固体废物分裂成小块以便资源化利用或进行最终处置的过程。使小块固体废物颗粒分裂成细粉的过程被称为磨碎。经过破碎和磨碎的固体废物，粒度变得小而均匀，具有以下优点：便于压缩、运输、储存和高密度填埋；可提高焚烧、热解、熔烧及压缩等处理过程的稳定性和处理效率；便于分选、拣选、回收有价物质和材料；避免粗大、锋利的废物损坏分选、焚烧、热解等设备或炉腔；为固体废物的下一步加工和资源化做准备。

固体废物的破碎按原理通常有两类方法：物理方法和机械方法。前者有低温冷冻破碎法和超声波破碎法。低温冷冻破碎已成功用于废塑料制品、废橡胶制品等的破碎；超声波破碎法目前还处于实验室阶段。机械方法有挤压、劈裂、弯曲、磨剥、冲击和剪切破碎等方法。

选择机械破碎方法时，需视固体废物的机械强度，特别是其硬度而定。对于脆硬性废物，如废石和废渣等多采用挤压、劈裂、冲击、磨剥方法破碎；对于柔硬性废物，如废钢铁、废汽车、废塑料等多采用冲击和剪切破碎。对于含有大量废纸的城市垃圾，一般采用的是湿式和半湿式破碎。对于一般的粗大固体废物，通常是先剪切，压缩成一定形状，再送入破碎机。

下面简要介绍几种普遍采用的固体废物破碎方式及其设备。

1. 挤压式破碎

挤压式破碎是一种利用机械的挤压作用使废物破碎的方法。所用设备一般采用一个挤压面固定，另一个挤压面做往复运动的形式，也被称为颚式破碎机。

2. 冲击式破碎

冲击式破碎是一物体撞击另一物体时，前者的动能迅速转变为后者的形变位能，而且集中在被撞击处，从而使物料破碎的一种方法。如果撞击速度很高，形变来不及扩展到被撞击物全部，就在撞击处产生相当大的局部应力。如果进行反复冲击，则可使载荷超过疲劳极限，使被撞击物碎裂。因此用高频率冲击法破碎有很好的效果。冲击式破碎机大多是旋转式，都是利用冲击作用进行破碎的。

3. 剪切式破碎

剪切式破碎是一种利用机械的剪切力破碎固体废物的方法。剪切式破碎作用发生在互呈一定角度能够逆向运动或闭合的刀刃之间。一般刀刃分固定刃和可动刃，可动刃又分往复刃和回转刃。林德曼式剪切破碎机，其可动刃为往复式，分预备压缩机和剪切机两部分。剪切式破碎适于处理城市垃圾中的纸、布等纤维织物，金属类废物等。

4. 磨剥式破碎

磨剥式破碎即磨碎废物，在固体废物处理与利用中占有重要地位。它主要由圆柱形筒体、端盖、中空轴颈、轴承和传动大齿圈等部件组成。筒体装有直径为25~150 mm 的钢球。当电机联轴器和小齿轮带动大齿圈和筒体转动时，在摩擦力、离心力和筒壁衬板的共同作用下，钢球和物料被提升到一定高度，然后在其本身重力作用下，自由泻落和抛落，从而对桶体内底脚区的物料产生冲击和研磨作用，使物料粉碎。物料达到磨碎细度要求后，由风机抽出。磨剥式破碎广泛用于煤矸石、钢渣生产水泥、砖瓦、化肥等过程以及垃圾堆肥的深加工过程。

5. 低温破碎

对于在常温下难以破碎的固体废物，可利用其低温变脆的性能有效地进行破碎，亦可利用不同物质脆化温度的差异进行选择性破碎，即所谓的低温破碎。低温破碎技术适用于常温下难以破碎的复合材质的废物，如钢丝胶管、橡胶包覆电线电缆、废家用电器等橡胶和塑料制品等。

低温破碎的工艺流程先将固体废物投入预冷装置，再进入浸没冷却装置，这样使橡胶、塑料等易冷脆物质迅速脆化，然后送入高速冲击破碎机破碎，使易脆物质脱落粉碎。破碎产品再进入各种分选设备进行分选。

采用低温破碎，同一种材质破碎的尺寸应大体一致，形状规则，便于分离。但因通常采用液氮做制冷剂，而制造液氮需耗用大量能源，因此，发展该技术必须考虑在经济效益上能抵上能源方面的消耗费用。

6. 湿式和半湿式破碎

湿式破碎技术最早是由美国开发的，主要以回收城市垃圾中的大量纸类为目的。由于纸类在水力的作用下发生浆化，然后将浆化的纸类用于造纸，从而达到回收纸类的目的。纸类等垃圾用传送带投入破碎机，破碎机于圆形槽底上安装多孔筛，筛上设有 6 个刀片的旋转破碎辊，使投入的垃圾和水一起激烈旋转，废纸则破碎成浆状，透过筛孔由底部排出，难以破碎的筛上物（如金属等）从破碎机侧口排出，再用斗式提升机送至磁选器将铁与非铁物质分离。

半湿式破碎则是利用各类物质在一定均匀湿度下的耐剪切、耐压缩、耐冲击性能等差异很大的特点，在不同的湿度下选择不同的破碎方式，实现对废物的选择性破碎和分选。

湿式和半湿式破碎特别适用于回收含纸屑较多的城市垃圾中的纸纤维、玻璃、铁和有色金属。

（四）固体废物的分选

固体废物分选（selecting），就是把固体废物中可回收利用的或不利于后续处理、处置工艺要求的物粒分离出来。这是继破碎以后固体废物处理过程中重要的处理环节之一。根据废物的物理和化学性质不同，主要有以下分选方法：筛分、重力分选、磁力分选、静电分选、涡电流分选以及浮选等。

1. 筛分

筛分亦称筛选，是利用具有不同粒度分布的固体物料差别，将物料中小于筛孔的细粒物料透过筛网，大于筛孔的粗粒物料留在筛网上面，完成粗、细料分离的过程。影响筛分效率的因素包括振动方式、振动频率、振动方向、筛子角度、粒子反弹力差异、筛孔数目及与筛孔大小相近的粒子占总粒子的百分数等。筛分设备有固定筛、振动筛和滚桶筛等。它们通常被组装于其他分选设备中，或者和其他分选设备串联使用。筛分技术在固体废物资源回收和利用方面应用得很广泛。

2. 重力分选

重力分选是根据混合固体废物在介质中的密度差进行分选的一种方法。不同密度的固体废物颗粒在同一运动介质中，由于受重力、介质动力和机械力的共同作用，具有相同密度的粒子群产生松散分层和迁移分离，从而得到不同密度的产品。固体颗粒只有在运动的介质中才能分选。重力分选介质可以是空气、水，也可以是重液（密度大于水的液体）和重悬浮液（由高密度的固体微粒和水组成）等。固体废物的重力分选方法较多，按作用原理可分为风力分选、惯性分选、摇床分选、重介质分选和跳汰分选等。

（1）风力分选又称气流分选，是基于固体废物颗粒在空气气流作用下，密度大的沉降末速度大，运动距离比较近；密度小的沉降末速度小，运动距离比较远的原理。此方法适用于颗粒的形状、尺寸相近的固体废物分选。有时也可先经破碎、筛选后，再进行风力分选。风力分选设备按工作气流的主流向分为水平、垂直和倾斜三种类型，其中尤以垂直气流风选机应用得最为广泛。

（2）惯性分选是基于混合固体废物中各组分的密度和硬度差异而进行分离的一种方法。用高速传送带、旋转器或气流沿水平方向抛射粒子，粒子沿抛物线运行的轨迹随粒子的大小和密度不同而异，粒径和密度越大飞得越远。这种方法又被称为弹道分离法。目前，这种方法主要用于从垃圾中分选回收金属、玻璃和陶瓷等物。根据惯性分选原理而设计制造的分选机械主要有弹道分选机、反弹滚筒分选机和斜板输送分选机等。

（3）摇床分选是利用混合固体废物在随床面做往复不对称运动时，由于横向水流的流动和床面的摇动作用，不同密度的颗粒在床面上形成扇形分布，从而达到分选的目的。摇床床面近似长方形，微向轻质产物排出端倾斜，床面上钉有或刻有沟槽。摇床分选用于分选细粒和微粒物料。在固体废物处理中，目前主要用于从含硫铁矿较多的煤矸石中回收硫铁矿，分选精度很高。最常用的摇床分选设备是平面摇床。

（4）重介质分选是将两种密度不同的固体混合物放在一种密度介于两者密度之间的重液（如氯化锌、四氯化碳、四溴乙烷等）中，密度小于重液密度的固体颗粒上浮，大于重液密度的固体颗粒下沉，从而实现两种固体颗粒的分离。从理论上讲，由于重液分选主要是依靠密度的差异进行的，受颗粒粒度和形状的影响很小，从而可对密度差很小的固体物质进行分选。不过，当入选物质粒度过小，且固体废物的密度与介质密度非常接近时，其沉降速度很慢，造成分选效率低，故一般需将入选渣料粒度控制在 2~3 mm 范围内。

（5）跳汰分选是使磨细的混合废物中的不同密度的粒子群，在垂直脉冲运动介质中按密度分层，不同密度的粒子群在高度上占据不同的位置，大密度的粒子群位于下层，小密度的粒子群位于上层，从而实现物料分离。跳汰介质可以是水或空气。目前，用于固体废物跳汰分选的介质都是水。跳汰分选是一种古老的选矿方式，对固体废物中混合金属细粒的分离，是一种有效的分离方法。

3. 磁力分选

磁力分选技术是借助磁选设备产生的磁场使铁磁物质组分分离的一种方法。固体废物包括各种不同的磁性组分，当这些不同磁性组分物质通过磁场时，由于磁性有差异，受到的磁力作用互不相同，磁性较强的颗粒会被带到一个非磁性区而脱落下来，磁性弱或非磁性颗粒，仅受自身重力和离心力的作用而掉落到预定的另一个非磁性区内，从而完成磁力分选过程。固体废物的磁力分选主要用于从固体废物中回收或富集黑色金属（铁类物质）。磁场强弱不同的磁选设备可选出不同磁性组分的固体废物。固体废物的磁选设备根据供料方式的不同，可分为带式磁选机和滚桶式磁选机两大类。

4. 静电分选

静电分选技术是利用各种物质的电导率、热电效应及带电作用的差异而进行物料分选的方法，可用于各种塑料、橡胶和纤维纸、合成皮革、胶卷、玻璃与金属等物料的分选。例如，给两种不同性能的塑料混合物施加电压，使其中一种塑料带负电，另一种带正电，就可以使两者得以分离。

5. 涡电流分选

涡电流分选技术是从固体废物中将非磁性导电金属（如钢、铝、锌等）分选出来的技术。当含有非磁性导电金属的固体废物流以一定的速度通过一个交变磁场时，这些非磁性导电金属内部会感生涡电流，并对产生涡流的金属块形成一个电磁排斥力。作用于金属上的电磁排斥力取决于金属的电阻率、磁导率、磁场密度的变化速度以及金属块的形状尺寸等，因而利用此原理可使一些有色金属从混合废物中分离出来。

6. 浮选

浮选是在固体废物与水调制的料浆中加入浮选药剂，并通入空气形成无数细小气泡，使欲选物质颗粒黏附在气泡上，随气泡上浮于料浆表面成为泡沫层，然后刮出回收；不浮的颗粒仍留驻在料浆内，通过适当处理后废弃。固体废物浮选主要是利用欲选物质对气泡黏附的选择性。其中有些物质表面的疏水性较强，容易黏附在气泡上，而另一些物质表面亲水，不易黏附在气泡上。物质表面的亲水、疏水性能，可以通过浮选药剂的作用而加强。因此，在浮选工艺中正确选择、使用浮选药剂是调整物质可浮性的主要外因条件。在我国，浮选法已应用于从粉煤灰中回收炭，从煤矸石中回收硫铁矿，从焚烧炉灰渣中回收金属。

（五）固体废物的脱水

固体废物的水分按存在形式分为间隙水、毛细结合水、表面吸附水、内部水。

间隙水：不与固体直接结合而是存在于污泥颗粒之间的被称为间隙水，约占污泥水分总量的 70%，可用浓缩法分离。

毛细结合水：在细小污泥固体颗粒周围的水，产生毛细现象，既可以构成在固体颗粒的接触面上由于毛细压力的作用而形成的楔形毛细结合水，又可以构成充满于固体本身裂隙中的毛细结合水。各类毛细结合水约占污泥中水分总量的 20%，可采用高速离心机脱水、负压或正压过滤机脱水。

表面吸附水：表面吸附水指吸附在污泥颗粒表面的水分，约占污泥水分的 7%，可用加热法脱除。

内部水：内部水指被包围在污泥颗粒内部或者微生物细胞膜中的水分，约占污泥水分的 3%。这部分水用机械方法不能脱除，但可用生物法破坏细胞膜除去胞内水或用高温加热法冷冻去除。

脱水的方法有浓缩脱水法和机械脱水法：

1. 浓缩脱水法

浓缩脱水法主要是去除固体废物中的间隙水，缩小体积，为输送、消化、脱水、利用与处置创造条件。常用的方法有：①重力浓缩法。重力浓缩法依据固体颗粒与溶液间存在的密度差，借重力作用脱水，脱水后含水量一般在 50%。②气浮浓缩法。气浮浓缩法是指依靠大量微小气泡附着在污泥颗粒上，形成污泥颗粒与气泡结合体，进而产生浮力把颗粒带到水表面达到浓缩的目的，再用刮泥机刮出的过程。③离心浓缩法。离心浓缩法是利用固体颗粒与水的密度及惯性的差异，在高速旋转的离心机中，使固体颗粒和水分别受到大小不同的离心力而被分离的过程。

2.机械脱水法

机械脱水法是利用具有许多毛细孔的物质作为过滤介质，以过滤介质两侧产生压差作为过滤的推动力，使固体废物中的溶液强制通过过滤介质成为滤液，固体颗粒被截留成为滤饼的固液分离操作过程。该方法被广泛应用于工业上的固液分离过程。

第五章　噪声监测

噪声监测是环境监测工作的重要环节，为噪声污染治理工作提供基础性资料。做好噪声监测工作对做好噪声污染治理工作有着积极的作用和影响，在整个实践发展的过程中低碳环保逐渐成为经济发展的主流思想，受到社会的广泛关注，本章主要对噪声监测展开讲述。

第一节　不同环境下的噪声检测

一、概述

本节介绍噪声监测的相关概念，噪声的来源、危害，噪声的物理量度和噪声的测量，以及噪声的叠加，噪声的评价和现场测量。

（一）基本概念

1.声音和噪声

物体的振动产生声音，凡能发生振动的物体被统称为声源，声源可分为固体声源、液体声源和气体声源等。当声源的振动通过空气介质作用于人耳鼓膜时产生的感觉被称为声音。从生理学上讲，凡是使人烦恼、讨厌、刺激的声音，即人们不需要的声音就称其为噪声。从物理学上看，无规律、不协调的声音，即频率和强度都不相同的声波无规律的杂乱组合就称为噪声。噪声不单纯根据声音的客观物理性质来定义，还应根据人们的主观感觉，当时的心理状态和生活环境等因素来决定。例如音乐声对正在欣赏音乐的人来说，是一种美的享受，是需要的声音，而对正在思考或睡眠的人来说，则是不需要的声音，即噪声。

2.频率、波长、声速

声源振动一次所经历的时间间隔被称为周期，用 T 表示，单位是 s。声源在每秒内的振动次数被称为频率，用 f 表示，单位是 Hz。人耳可听声音的频率范围为 20~20 000 Hz，故噪声监测的是这个范围内的声波。

产生噪声的声源振动大都是按一定的时间间隔重复进行的，也就是说振动是具有周期性的，那么就会在声源周围媒质中产生周期性的疏密变化。在同一时刻，从某一最稠密（或最稀疏）的地点到相邻的另一个最稠密（或最稀疏）的地点之间的距离被称为声波的波长，用 A 表示，单位是 m。

噪声在空气、固体和液体中传播，但不能在真空中传播，因为在真空中不存在能够产生振动的弹性介质（如空气分子）。根据传播介质的不同，可以将噪声分为空气噪声、水噪声和固体（结构）噪声等类型。在噪声监测中主要涉及空气介质中的空气噪声。

3. 声压、声强、声功率

（1）由噪声引起空气质点（分子）的振动，使周围空气质点发生疏密交替变化而产生的压强变化被称为声压，即噪声场中单位面积上由声波引起的压力增量为声压，用 P 表示，单位为 Pa。人们通常生活的环境压强是一个大气压 P_0，当噪声这个疏密波传来时，环境压强就会发生改变，疏部的压强稍稍低于 P_0，密部的压强稍稍高于 P_0，这种在大气压上起伏的部分就是声压。

以敲锣为例，锣面敲得越重，锣面上下振动得越剧烈，声压就越大，听起来声就越响。反之振动小，声压小，听起来声就弱。这就是说，声压的大小反映了声的强弱，所以通常用声压来大小衡量声的强弱。声压分为瞬时声压和有效声压。

声波在空气中传播时形成压缩和疏密交替变化，所以压力的增减值是正负交替的。噪声场中某一瞬时的声压值称为瞬时声压。瞬时声压随时间发生变化，而人耳感觉到的是瞬时声压在某一时间的平均结果，叫作有效声压。有效声压是瞬时声压对时间取的均方根值，故实际上总是正值。

正常人耳刚能听到的最微弱声音的声压是 2×10^{-5} Pa，被称为人耳听阈声压，如人耳刚刚听到的蚊子飞过的声音的声压。使人耳产生疼痛感觉的声压是 20 Pa，被称为人耳痛阈声压，如飞机发动机噪声的声压。通常噪声测量仪器所指示的数值就是声压值。

（2）声强声波作为一种波动形式，将噪声源的能量向空间辐射，人们可用能量大小来表示它的强弱。在单位时间内（每秒），通过垂直声波传播方向的单位面积上的声能，叫作声强。用 I 表示，单位为 W/m^2。

声强的大小与离噪声源的距离远近有关。这是因为单位时间内噪声源发出的噪声能量是一定的，离噪声源的距离越远，噪声能量分布的面积就越宽，通过单位面积的噪声能量就越小，声强就越小。

4. 分贝、声压级、声强级、声功率级

能够引起人们听觉的噪声不仅要有一定的频率范围（20~20 000 Hz），而且要有一定的声压范围（2×10^{-5}~20 Pa）。声压太小，不能引起听觉，声压太大，只能引起痛觉，而不能引起听觉。从听阈声压 2×10^{-5} Pa 到痛阈声压 20 Pa，声压的绝对值数量级相差 100 万倍，声强之比则达 1 万亿倍，因此，在实践中使用声压的绝对值大小描述噪声的强弱是很不方便的。另外，人耳对声音强度的感觉并不正比于强度（如声压）的绝对值，而更接近正比于其对数值。由于这两个因素，在声学中普遍采用对数标度。

分贝的定义是由于对数的总量是无量纲的，因此用对数标度时必须先选定基准量（或称参考量），然后对被量度量与基准量的比值求对数，这个对数被称为被量度量的"级"，如果所取对数以 10 为底，则级的单位为贝尔（B）。由于 B 的单位过大，故常将 1 B 分为 10 档，每一档的单位称为分贝（dB）。如果所取对数以 e=2.718 28 为底，则级的单位被称为奈培（Np）。

（二）噪声的分类、危害和特征

1. 噪声的分类

噪声的种类很多，因其产生的条件不同而异。噪声主要分为源于自然界的噪声和人为活动产生的噪声。这里所研究的噪声主要是指人为活动所产生的空气噪声。产生噪声的声源被称为噪声源。若按噪声产生的机理来划分，人为活动产生的噪声可分为空气动力性噪声、机械性噪声和电磁性噪声三大类。若按噪声随时间的变化来划分，可分成稳态噪声和非稳态噪声两大类。与人们生活密切相关的是城市噪声，它的来源大致可分为工业噪声、交通运输噪声、建筑施工噪声和社会生活噪声。

在影响城市环境的各种噪声源中，工业噪声占 8%~10%，建筑施工噪声约占 5%，交通噪声约占 30%，社会生活噪声约占 47%。

2. 噪声的危害

噪声会损伤听力，影响人的睡眠及人体的健康，它还干扰语言交谈和通信联络；特强噪声还会危害仪器设备和建筑结构。

3. 噪声的特征

噪声污染和空气污染、水污染、固体废物污染一样是当代主要的环境污染之一。但噪声与后者不同，它是物理污染（或称能量污染），具有以下几个特征。

（1）可感受性。与无感觉公害如放射性污染和某些有毒化学品的污染相比，噪声是通过感觉对人产生危害的，是一种感受公害。噪声公害取决于受污染者的心理和生理因素，不同的人对相同的噪声有不同的反应，因而在评价噪声时，应考虑不同人群的影响。

（2）即时性。噪声污染是由于空气中的物理变化而产生的一种能量污染。噪声作为能量污染，其能量是由声源提供的，一旦声源停止辐射能量，噪声污染将立即消失，不存在任何残存物质，污染现象也将立即消失，这就是噪声污染的即时性。

（3）局部性。除飞机噪声这样的特殊情况外，一般情况下噪声源离受害者的距离很近，噪声源辐射出来的噪声随着传播距离的增加，或受到障碍物的吸收，噪声能量被很快地减弱，因而噪声污染主要局限在声源附近不大的区域内。此外，噪声污染又是多发的，城市中噪声源分布既多又散，使得噪声的测量和治理工作很困难。

（三）噪声的叠加和相减

1. 噪声的叠加

在实际工作中，常遇到某些场所有几个噪声源同时存在，人们可以单独测量每一个噪声源的声压级，那么，当多个噪声源同时向外辐射噪声时，区域内总噪声对应的物理量度又是多少呢？在说明总噪声物理量度前，必须明确这样两点：一是声能量是可以进行代数相加的物理量度，设两个声源的声功率分别是 W_1 和 W_2，那么总声功率 $W_a=W_1+W_2$，同样两个声源在同一点的声强为 I_1 和 I_2，则它的总声强 $I_g=I_1+I_2$；二是声压是不能直接进行代数相加的物理量度。

对于多个不同声压级的噪声源，则依然仿照 L_1-L_2 的方法，依次计算出差值，再两个地相叠加，最后求出总的噪声级。如某车间有五台机器，在某位置测得这五台机器的声压级分别为 95 dB、90 dB、92 dB、86 dB、80 dB，这五台机器在这一位置的总声压级的求解方法是先按声压级的大小依次排列，每两个一组，由差值查得增加值求其和，然后逐个相加，求得总声压级。如 95 dB 和 92 dB 相加，两声压级相差 3 dB，95 dB 和 92 dB 的总声压级为

95+1.8=96.8（dB），然后将 96.8 dB 与 90 dB 相加，它们的差值为 6.8 dB，四舍五入为 7 dB，它们相加的总声压级为 96.8+0.8=97.6（dB），其他依次相加，最后得到五台机器噪声的总声压级为 97.9 dB。

多个噪声源的叠加与叠加次序无关，叠加时，一般选择两个噪声级相近的依次进行，因为两个噪声级数值相差较大，则增加值 OL 很小（有时忽略），影响准确性；当两个噪声级相差很大时，即 $L_1-L_2>15$ dB，总的噪声级的增加值 AL 可以忽略，因此，在噪声控制中，抓住主要的、有影响的噪声源，只有将这些主要噪声源降下来，才能取得良好的降噪效果。

2. 噪声的相减

在某些实际工作中，常遇到从总的被测噪声级中减去背景或环境噪声级，来确定由单独噪声源产生的噪声级。如某加工车间内的一台机床，在它开动时，辐射的噪声级是不能单独测量的，但是，机床未开动前的背景或环境噪声是可以测量的，机床开动后，机床噪声与背景或环境噪声的总噪声级也是可以测量的，那么，机床本身的噪声级就必须采用噪声级的减法。

二、噪声评价

噪声评价的目的是有效地提出适合人们对噪声反应的主观评价量。由于噪声变化特性的差异以及人们对噪声主观反应的复杂性，人们对噪声的评价较为复杂。多年来各国学者对噪声的危害和影响程度进行了大量研究，提出了各种评价指标和方法，期望得出与主观性响应相对应的评价量和计算方法以及所允许的数值和范围。本节主要介绍一些已经被广泛认可和使用得比较频繁的评价量和相应的噪声标准。

（一）响度、响度级

1. 响度

在噪声的物理量度中，声压和声压级是评价噪声强弱常用的物理量度。人耳对噪声强弱的主观感觉，不仅与声压级的大小有关，而且与噪声频率的高低、持续时间的长短等因素有关。人耳对高频率噪声较敏感，对低频率噪声较迟钝。对两个具有同样声压级但频率不同的噪声源，高频声音给人的感觉就比低频的声音更响。比如毛纺厂纺纱车间的噪声和小汽车内的噪声，声压级均为 90 dB，可前者是高频，后者是低频，听起来会感觉前者比后者响得多。为了用一个量来反映人耳对噪声的这一特点，人们引出了响度概念。响度是人耳判别噪声由轻到响的强度概念，它不仅取决于噪声的强度（如声压级），还与其的频率和波形有关。

2. 响度级

为了定量地确定声音轻或响的程度，通常采用响度级这一参量。响度级是建立在两个声音主观比较的基础上的，选择 1 000 Hz 的纯音做基准声音，若某一噪声听起来与该纯音一样响，则该噪声的响度级在数值上就等于这个纯音的声压级（dB）。响度级用 LN 表示，单位是方（phon）。例如某噪声听起来与声压级为 80 dB、频率为 1 000 Hz 的纯音一样响，则该噪声的响度级就是 80 phon。响度级是一个表示声音响度的主观量，它把声压级和频率用一个概念统一起来，既考虑声音的物理效应，又考虑声音对人耳的生理效应。

3. 等响曲线

利用与基准声音相比较的方法，通过大量的试验，得到一般人对不同频率的纯音感觉为同样响的响度级与频率的关系曲线，即等响曲线。

（二）计权声级

由于用响度级来反映人耳的主观感觉太复杂，而且人耳对低频声不敏感，对高频声较敏感，因此为了模拟人耳的听觉特征，人们在等响曲线中选出三条曲线，即 40 phon、70 phon、100 phon 的曲线，分别代表低声级、中强声级和高强声级时的响度，并按这三条曲线的形状，设计出 A、B、C 三层级计权网络，在噪声测量仪器上安装相应的滤波器，对不同频率的声音进行一定的衰减和放大，这样便可从噪声测量仪器上直接读出 A 声级、B 声级、C 声级，这些声级被统称 LA、LB、LC。计权声级，分别记为 dB（A）、dB（B）、dB（C）。

声压级曲线。其中 A 计权网络相当于 40 phon 等响曲线的倒置；B 计权网络相当于 70 phon 等响曲线的倒置；C 计权网络相当于 100 phon 等响曲线的倒置；D 计权声级是对噪声参量的模拟，专用于飞机噪声的测量。

近年来的研究表明，不论噪声强度是多少，利用 A 声级都能较好地反映噪声对人吵闹的主观感觉和人耳听力的损伤程度。因此，现在常用 A 声级作为噪声测量和评价的基本量。A 声级通常用符号 LA 表示，单位是 dB（A）。

（三）等效连续声级

A 声级主要适用于连续稳态噪声的测量和评价，它的数值可由噪声测量仪器的表头直接读出。但人们所处的环境大都是随时间而变化的非稳态噪声，如果用 A 声级来测量和评价就显得不合适了。比如一个人在 90 dB（A）的噪声环境中工作 8 h，而另一个人在 90 dB（A）的噪声环境下工作 2 h，他们所受的噪声影响显然是不一样的。但是，如果一个人在 90 dB（A）噪声环境下连续工作 8 h，而另一个人在 85 dB（A）噪声环境下工作 2 h，在 90 dB（A）下工作 3 h，在 95 dB（A）下工作 2 h，在 100 dB（A）下工作 1 h，这就不易比较两者中谁受噪声影响大。于是人们提出用噪声能量平均值的方法来评价噪声对人的影响，这就是等效连续声级，它反映人实际接受的噪声能量的大小，对应于 A 声级来说就是等效连续 A 声级。国际标准化组织对等效连续 A 声级的定义是：在声场中某个位置某一时间内，对间歇暴露的几个不同 A 声级，以能量平均的方法，用一个 A 声级来表示该时间内噪声的大小，这个声级就为等效连续 A 声级。

从等效连续 A 声级的定义中不难看出，对于连续的稳态噪声，等效连续 A 声级等于所测得的 A 计权声级。等效连续 A 声级由于较为简单，易于理解，而且与人的主观反应有较好的相关性，因而已成为许多国际国内标准所采用的评价量。

（四）累计百分数声级

在现实生活中经常碰到的是非稳态噪声，可采用等效连续 A 声级来反映对人的影响，但噪声的随机起伏程度却没有表达出来。这种起伏可以用噪声出现的时间概率或累计概率来表示，目前采用的评价量为累计百分数声级，用 L_0 表示。它表示在测量时间内高于 L 声级所占的时间为 $m\%$。例如，$L_{10}=70$ dB（A），表示在整个测量时间内，噪声级高于 70 dB（A）的时间占 10%，其余 90% 的时间内均低于 70 dB（A）；同样，$L_{90}=50$ dB（A）表示在整个测量时间内，噪声级高于 50 dB（A）的时间占 90%。对于同一测量时段内的噪声级，按从大到小的顺序进行排列，就可以清楚地看出噪声涨落的变化程度。累计百分数声级一般用 L_{10}、L_{50}、L_{90} 表示。

L_{10} 表示在测量时间内 10% 的时间超过的噪声级，相当于峰值噪声级。

L_{50} 表示在测量时间内 50% 的时间超过的噪声级，相当于中值噪声级。

L_{90} 表示在测量时间内 90% 的时间超过的噪声级，相当于本底噪声级。

其计算方法是将测得的 100 个或 200 个数据按由大到小的顺序排列，第 10 个数据或总数为 200 个的第 20 个数据即为 L_{10}，第 50 个数据或总数为 200 的第 100 个数据即为 L_{50}，第 90 个数据或总数为 200 的第 180 个数据即为 L_{90}。

在累计百分数声级和人的主观反应所做的相关性调查中，发现 L_{10} 用于评价涨落较大的噪声时相关性较好。因此，L_{10} 已被美国联邦公路局作为公路设计噪声限值的评价量。总的来讲，累计百分数声级一般只用于有较好正态分布的噪声评价。

（五）昼夜等效声级

由于同样的噪声在白天和夜间对人的影响是不一样的，而等效连续 A 声级评价量并不能反映人对噪声主观反应的这一特点。为了考虑噪声在夜间对人们烦恼的增加，规定在夜间测得的所有声级均加上 10 dB（A）作为修正值，再计算昼夜噪声能量的加权平均数，由此构成昼夜等效声级这一评价参量，用符号 LCBT 表示。昼夜等效声级主要预计人们昼夜长期暴露在噪声环境下所受的影响。

昼间和夜间的时段可以根据当地的情况或根据当地政府的规定，做适当的调整。昼夜等效声级可用来作为几乎包含各种噪声的城市噪声全天候的单值评价量。

（六）噪声污染级

噪声污染级也是用以评价噪声对人的烦恼程度的一种量，它既包含对噪声能量的评价，同时也包含噪声涨落的影响。噪声污染级用标准偏差来反映噪声的涨落，标准偏差越大，表示噪声的离散程度越大，即噪声的起伏越大。噪声污染级用符号 LNP 表示。

（七）倍频程

因声音有不同的频率，所以有低沉的声音和高亢的声音，频率低的声音音调低，频率高的声音音调高。研究噪声时，必须研究它的频率。人耳可以听到的声音频率为 20~20 000 Hz，有 1 000 倍的变化范围，如果进行分析是不现实的也是不需要的。为方便起见，可将大的频率范围划分为若干个小段，每一小段就叫频程或频带。频程上限频率用 $f_{上}$ 表示，下限频率用 $f_{下}$ 表示，当频程上限频率与下限频率之比为 2 时的频程就叫倍频程；上限频率与下限频率之比为 1/3 的频程叫

1/3 倍频程。在实际应用时每个频程都是用它的中心频率（$f_中$）来表示的。

三、噪声监测

（一）噪声监测仪器

在噪声测量中，人们可根据不同的测量与分析目的，选用不同的仪器，采用相应的测量方法。常用的测量仪器有声级计、声级频谱仪、自动记录仪、磁带录音机、噪声级分析仪。

1. 声级计

（1）原理声级计主要由传声器、放大器、衰减器、计权网络、电表、电路和电源等部分组成。

声级计的工作原理是声压由传声膜片接收后，将声压信号转换成电压信号，由于表头指示范围一般只有 20 dB，而声音范围变化可高达 140 dB，甚至更高，因此，此信号经前置放大器做阻抗变换后要送入输入衰减器，经输入衰减器衰减后的信号再由输入放大器进行定量放大，放大后的信号由计权网络进行计权。计权网络是模拟人耳对不同频率有不同灵敏度的听觉响应，在计权网络处可外接滤波器进行频谱分析。经计权后的信号由输出衰减器减到额定值，随即送到输出放大器放大，使信号达到相应的功率输出，输出信号经检波后送出有效电压，推动电表显示所测的声压级数值。

传声器：传声器也称话筒或麦克风，它是将声能转换成电能的元件。声压由传声器膜片接收后，将声压信号转换成电信号。传声器的质量是影响声级计性能和测量准确度的关键因素。优质的传声器应满足以下要求：灵敏度高、工作稳定；频率范围宽、频率响应特性平直、失真小；受外界环境（如温度、湿度、振动、电磁波等）影响小；动态范围大。

在噪声测量中，根据换能原理和结构的不同，常用的传声器分为晶体传声器、电动式传声器、电容传声器和驻极体传声器。晶体和电动式传声器一般用于普通声级计；电容传声器和驻极体传声器多用于精密声级计。

电容传声器灵敏度高，一般为 10~50 mV/Pa；在很宽的频率范围 10~2 000 Hz 内，频率响应平直；稳定性良好，可在温度 50~150 ℃、相对湿度 0~100% 的范围内使用。所以电容传声器是目前较理想的传声器。

放大器和衰减器：放大器和衰减器是声级计和频谱分析仪内部放大和衰减电信号的电子线路。因为传声器把声音信号变成电信号，此电信号一般很微弱，既达不到计权网络分离信号所需的能量，也不能在电表上直接显示，所以需要将信号加以放大，这个工作由前置放大器来完成。当输入信号较强时，为避免表头过载，需对信号加以衰减，这就需要用输入衰减器进行衰减。经过前边处理后的信号必须再由输入放大器进行定量的放大才能进入计权网络。用于声级测量的放大器和衰减器应满足以下几个条件：要有足够大的增益而且稳定；频率响应特性要平直；在声频范围 20~20 000 Hz 内要有足够的动态范围；放大器和衰减器的固有噪声要低；耗电量小。

计权网络：计权网络是由电阻和电容组成的、具有特定频率响应的滤波器，它能使欲测定的频带顺利地通过，而把其他频率的波尽可能地除去。为了使声级计测出的声压级的大小接近人耳对声音的响应，用于声级计的计权网络是根据等响曲线设计的，即 A、B、C 三种计权网络。

电表、电路和电源：经过计权网络后的信号由输出衰减器衰减到额定值，随即送到输出放大器放大，使信号达到相应的功率输出，输出的信号被送到电表电路进行有效值检波（RMS 检波），送出有效电压，推动电表，显示所测得的声压级分贝值。声级计上有阻尼开关能反映人耳听觉动态特性，"F"表示表头为"快"的阻尼状态，它表示信号输入 0.2 s 后，表头上就迅速达到其最大读数，一般用于测量起伏不大的稳定噪声。如果噪声起伏变化超过 4 dB，应使用慢挡"S"，它表示信号输入 0.5 s 后，表头指针就达到它的最大读数。

为了适用于野外测量，声级计电源一般要求电池供电。为了保证测量精度，仪器应进行校准。声级计类型不同其性能也不一样，普通声级计的测量误差为 ±3 dB，精密声级计的误差为 ±1 dB。

（2）声级计按其用途可分为一般声级计、车辆声级计、脉冲声级计、积分声级计和噪声剂量计等。按其精度可分为四种类型：0 型声级计，是实验用的标准声级计；1 型声级计，相当于精密声级计；0 型声级计和 1 型声级计可作为一般用途的普通声级计使用。按其体积大小可分便携式声级计和袖珍式声级计。国产声级计有 ND-2 型精密声级计和 PSJ-2 普通声级计。国际标准化组织及国际电工委员会规定普通声级计的频率范围为 20~800 Hz，精密声级计的频率范围为 20~12 500 Hz。

2. 声级频谱仪

频谱仪是测量噪声频谱的仪器，它的基本组成与声级计相似。但是频谱分析仪中设置了完整的计权网络（滤波器）。借助滤波器的作用可以将声频范围内的频率分成不同的频带进行测量。例如做倍频程划分时，若将滤波器置于中心频率500 Hz，通过频谱分析仪的则是335~710 Hz 的噪声，其他频率就不能通过，因此在频谱分析仪上所显示的就是频率为355~710 Hz 噪声的声压级，其他类推。由于频谱分析仪能分别测量噪声中所包含的各种频带的声压级。因此它是进行噪声频谱分析不可缺少的仪器。一般情况下，进行频谱分析时，采用倍频程划分频带。如果对噪声要进行更详细的频谱分析，就要用窄频带分析仪，例如用 1/3 频程划分频带。在没有专用的频谱分析仪时，也可以把适当的滤波器接在声级计上进行频谱测定。

3. 自动记录仪

自动记录仪是将测量的噪声声频信号随时间变化记录下来，从而对环境噪声做出准确评价。自动记录仪能将交变的声谱电信号做对数转换，整流后将噪声的峰值、均方根值（有效值）和平均值表示出来。

4. 磁带录音机

在现场测量中有时受到测试场地或供电条件的限制，不可能携带复杂的测试分析系统。磁带记录具有携带简便、直流供电等优点，能将现场信号连续不断地记录在磁带上，带回实验室中分析。测量使用的磁带记录仪除要求畸变小、抖动少、动态范围大外，还要求在 20~20 000 Hz 额率范围内有平直的频率响应。

5. 噪声级分析仪

在声级计的基础上配以自动信号存储、处理系统和打印系统，便成为噪声级分析仪。噪声级分析仪的工作原理是噪声信号经传声器转换为交变的电压信号，经放大、计权、检波后，利用微机和单板机存储并处理，处理后的结果由数字显示，测量结束后，由打印机打出计算结果，微机和单板机还将控制仪器的取样间隔、取样时间和量程进行切换。一般噪声级分析仪均可测量声压级、A 计权声级、累计百分声级 L_0、等效声级 L_{ep} 标准偏差、概率分布和累积分布。更进一步可测量 L_d、L_n、L_{ep}、声暴露级、车流量、脉冲噪声等，外接滤波器可做频谱分析。噪声分析仪与声级计相比，其显著优点：一是完成了取样和数据处理的自动化；二是高密度取样，提高了测量精度。

（二）噪声监测程序

1. 噪声监测程序

噪声监测的一般程序包括现场调查和资料收集、布点和监测技术、数据处理和监测报告。

环境噪声源于工业、建筑施工、道路交通和社会生活，监测前应调查有关工程的建设规模、生产方式、设备类型及数量，工程所在地区的占地面积、地形和总平面布局图、职工人数、噪声源设备布置图及声学参数，调查道路、交通运输方式以及机动车流量等，调查地理环境、气象条件、绿化装潢以及社会经济结构和人口分布等。

环境噪声的监测范围不一定越大越好，也不能说掌握了几个主要噪声源周围几百米内的噪声就可以了，而应该是区域内噪声所影响的范围。监测点的选择、监测时间和监测方法因不同的噪声监测内容而异。测点一般要覆盖整个评价范围，重点要布置在现有噪声源对敏感区有影响的点上。其中，点声源周围布点密度应高一些。对于线声源，应根据敏感的区分布状况和工程特点，确定若干测量断面，每一断面上设置一组测点。为便于绘制等声级线图，一般采用网格测量法和定点测量法。

环境噪声监测应根据评价工作需要分别给出各种噪声的评价量：等效连续 A 声级 Lep、累计百分数声级 Ln、昼夜等效声级 Ldn 等，并按相应公式进行处理。根据监测的有关数据和调查资料写出监测报告。

2. 测量气象条件选择

监测气象条件一般为无雨、无雪天气，风力小于 4 级（风速小于 5.5 m/s）。

3. 噪声干扰因素消除

传声器位置要准确，指向要对准监测要求的方向，带风罩。同时保证仪器供电，仪器使用前后均应校准，检测时期避免近距离人为噪声干扰。24 h 监测应注意传声器防潮。

4. 数据处理

根据监测所要求的噪声评价量，用对应的公式进行处理。

5. 评价方法

由监测到的数据，根据不同的监测项目要求，用数据平均法或图示法进行评价。

（三）噪声监测

1. 城市区域环境噪声

（1）布点将要监测的城市划分为 500 m×500 m 的网格，测量点选择在每个网格的中心，若中心点，如房顶、污沟禁区等，位置不易测量可移到旁边能够测量的位置。测量的网格数目不应少于 100 个格。若城市较小，可按 250 m×250 m 的网格划分。

（2）测量时应选在无雨、无雪天气，白天一般选在 8：00~12：00，14：00~18：00。夜间一般选在 22：00~5：00。根据南北方地区的不同、季节的不同，时间可稍有变化。声级计可手持或安装在三脚架上，传声器离地面高度为 1.2 m，手持声级计时，应使人体与传声器相距 0.5 m 以上。选用 A 计权，调试好后置于慢挡，每隔 5 s 读取一个瞬时 A 声级数值，每个测点连续读取 100 个数据（当噪声涨落较大时，应读取 200 个数据）作为该点的白天或夜间噪声分布情况。在规定时间内每个测点测量 10 min，白天和夜间分别测量，测量的同时要判断测点附近的主要噪声源（如交通噪声、工厂噪声、施工噪声、居民噪声或其他噪声源等），并记录周围的声学环境。

（3）评价方法。

①数据平均法：将全部网格中心测点测得的连续等效 A 声级做算术平均运算，所得到的算术平均值就代表某一区域或全市的总噪声水平。

②图示法：城市区域环境噪声的测量结果，除了用前面有关的数据表示外，还可用城市噪声污染图表示。为了便于绘图，将全市各测点的测量结果以 5 dB 为一等级，划分为若干等级（如 56~60 dB，61~65 dB，66~70 dB……分别为一个等级），然后用不同的颜色或阴影线表示每一等级，绘制在城市区域的网格上，用于表示城市区域的噪声污染分布。由于一般环境噪声标准多以 L 来表示，为便于同标准相比较，因此建议以 L 作为环境噪声评价量，来绘制噪声污染图。

2. 城市交通噪声

（1）布点在每两个交通路口之间的交通线上选一个测点，测点设在马路旁的人行道上，一般距马路边缘 20 cm，这样选点的好处是该点的噪声可以代表两个路口之间的该段马路的交通噪声。

（2）测量时应选在无雨、无雪的天气进行，以减少气候条件的影响，因风力大小等直接影响噪声测量结果。测量时间同城市区域环境噪声要求一样，一般在白天正常工作时进行测量。选用 A 计权,将声级计置于慢挡,安装调试好仪器,每隔 5 s 读取一个瞬时 A 声级,连续读取 200 个数据,同时记录车流量(辆 /h)。

(3)数据处理测量结果一般用统计噪声级和等效连续 A 声级来表示。将每个测点所测得的 200 个数据按从大到的小顺序排列,第 20 个数即为 L_{50},第 100 个数即为 L_{50}。第 180 个数即为 L_0。经验证,证明城市交通噪声测量值基本符合正态分布,因此,可直接用近似公式计算等效连续 A 声级和标准偏差值。

图示法:城市交通噪声测量结果除了可用前面的数值表示外,还可用噪声污染图表示。当用噪声污染图表示时,评价量为 L_{eq} 或 L_{10},将每个测点的 L_{eq} 或 L_{10} 按 5 dB 一等级(划分方法同城市区域环境噪声),以不同颜色或不同阴影线划出每段马路的噪声值,即得到全市交通噪声污染分布图。

在城市区域环境总噪声评价中使用的是算术平均值,而在城市交通总噪声评价中使用的是平均值,这是交通噪声监测与区域环境噪声监测的主要区别。

3. 工业企业噪声

(1)布点测量工业企业外环境噪声,应在工业企业边界线外 1 m,高度 1.2 m 以上的噪声敏感处进行。围绕厂界布点,布点数目及时间间距视实际情况而定,一般根据初测结果,声级每涨落 3 dB 布一个测点。如边界模糊,以城建部门划定的建筑红线为准。如与居民住宅毗邻时,应取该室内中心点的测量数据为准,此时标准值应比室外标准值低 10 dB(A)。如边界设有围墙、房屋等建筑物,应避免建筑物的屏障作用对测量的影响。

测量车间内有噪声时,若车间内部各点声级分布变化小于 3 dB,只需要在车间选择 1~3 个测点;若声级分布差异大于 3 dB,则应按声级大小将车间分成若干区域,使每个区域内的声级差异小于 3 dB,相邻两个区域的声级差异应大于或等于 3 dB,并在每个区选取 1~3 个测点。这些区域必须包括所有工人观察和管理生产过程经常工作活动的地点和范围。

(2)测量应在工业企业的正常生产时间内进行,分昼间和夜间两部分。传声器应置于工作人员的耳朵附近,测量时工作人员应从岗位上暂时离开,以避免声波在工作人员头部引起的散射声使测量产生误差,必要时适当增加测量次数。计权特性选择 A 声级,动态特性选择慢响应。稳态噪声,只测量 A 声级。非稳态噪声,则在足够长时间内(能代表 8 h 内起伏状况的部分时间)测量,若声级涨落在 3~10 dB 范围,每隔 5 s 连续读取 100 个数据;若声级涨落在 10 dB 以上,应连续读取 200 个数据。

由于工业企业噪声多属于间断性噪声,因此,在实际监测中可测量不同 A 声级下的暴露时间。

(3)数据处理稳态噪声,测得的声级就是该车间的等效连续 A 声级。如某车间内的噪声始终是 90 dB(A),则该车间的等效连续 A 声级就是 90 dB(A)。按测量的每一区域声级大小及持续时间进行处理,然后计算出等效连续 A 声级。具体方法是将每一区域声级从小到大分成数段排列,每段相差 5 dB(A),每段以中心声级表示,将中心声级规定为以下数值:80 dB(A)、85 dB(A)、90 dB(A)、95 dB(A)、100 dB(A)、105 dB(A)、110 dB(A)、115 dB(A)、120 dB(A)、125 dB(A)。例如 80 dB(A)代表的是 78~82 dB(A)的声级范围,85 dB(A)代表的是 83~87 dB(A)的声级范围,其他以此类推。

4. 机动车辆噪声

(1)布点与城市环境密切相关的是车辆行驶的车外噪声。车外噪声测量需要平坦开阔的场地。在测试中心周围 25 m 半径范围内不应有大的反射物。测试跑道应有 20 m 以上平直、干燥的沥青路面或混凝土路面,路面坡度不超过 0.5%。测点应选在 20 m 跑道中心点两侧,距中线 7.5 m,距地面 1.2 m。

(2)测量时应选在无雨、无雪天气,白天时间一般选在 8:00~12:00 和 14:00~18:00。夜间一般选在 22:00~5:00。根据南北方地区的不同、季节的不同,时间可稍有变化。声级计用三脚架固定,传声器平行于路面,其轴线垂直于车辆行驶方向。本底噪声至少应比所测车辆噪声低 10 dB(A),为了避免风噪声干扰,可采用防风罩。声级计用 A 计权,"快"挡读取车辆驶过时的最大读数。测量时要避免测试人员对读数的影响。各类车辆按测试方法所规定的行驶挡位分别以加速和匀速状态驶入测试跑道。同样的测量往返进行一次。车辆同侧两次测量结果之差不应大于 3 dB(A)。若只用一个声级计测量,同样的测量应进行四次,即每侧测量两次。

(3)数据处理车外噪声一般用最大值来表示。取受试车辆同侧两次测量声级的平均值中的最大值作为被测车辆加速行驶或匀速行驶时的最大噪声级。

5. 功能区噪声

(1)布点。当需要了解城市环境噪声随时间的变化时,应选择有代表性的测点,进行长期监测。测点的选择,可根据可能的条件决定交通干线道路两侧两点,其余功能区各设一点，多设不限，但一般不少于 6 个点。另外也可这样设点：0 类区、1 类区、2 类区、3 类区各一点，4 类区两点。

（2）测量。应选择无雨、无雪天气，风力小于 4 级（风速小于 5.5 m/s），声级计安装在三脚架上，传声器离地面高度大于或等于 1.2 m，距最近的反射体 1 m 以上，传声器指向较大的声源或垂直向上，带风罩，选用 A 计权快挡。功能区 24 h 测量，以每小时取一段，每段测 20 min。在此时间内每隔 5 s 读一瞬时声级，连续取 100 个数据 [当声级涨落大于 10 dB（A）时，应读取 200 个数据]，代表该小时的噪声分布。测量时段可任意选择，但两次测量的时间间隔必须为一个小时。测量时读取的数据记入环境噪声测量数据表中。读数时还应判断影响该测点的主要噪声来源（如交通噪声、生活噪声、工业噪声、施工噪声等），并记录周围的环境特征，如地形地貌、建筑布局、绿化状况等。测点若落在交通干线旁，还应同时记录车流量。

采用噪声分析仪进行测量时，取样间隔为秒，测量时间不得少于 10 min。

（3）数据处理与区域环境噪声相同。评价参数选用各个测点每小时的 L_{10}、L_{50}、L_{90}、L_{eq} 来表示。将全部测点测得的连续等效 A 声级做算术平均运算，所得到的算术平均值就代表该工业企业区域的总噪声水平。

6. 扰民噪声

（1）布点。在受外来噪声影响的居住或办公建筑物外 1 m（如窗外 1 m）处设点，不得不在室内测量时，距墙面和其他反射面不小于 1 m，距窗户约 1.5 m，保持开窗状态。

（2）测量。应选择无雨、无雪天气，风力小于 4 级（风速小于 5.5 m/s）。白天时间一般选在 6：00~22：00，夜间时间一般选在 22：00~6：00。声级计安装在三脚架上，传声器离地面高度为 1.2 m 以上的噪声影响敏感处且指向声源，传声器带风罩。选用 A 计权快挡，每隔 5 s 读一瞬时声级，连续取 100 个数据 [当声级涨落大于 10 dB（A）时，应读取 200 个数据]。

（3）数据处理。按区域环境噪声有关公式计算等效连续 A 声级 L_{eg}，将全部测点测得的连续等效 A 声级做算术平均运算，所得到的算术平均值就代表区域的扰民噪声水平。

7. 社会生活环境噪声

社会生活环境噪声是指营业性文化娱乐场所和商业经营活动中使用的设备、

设施产生的噪声。社会生活环境噪声首次被确定，其监测方法遵照 GB 22337—2008，该标准从 2008 年 10 月 1 日起开始执行。该标准规定了营业性文化娱乐场所和商业经营活动中可能产生环境噪声污染的设备、设施边界噪声排放限值和测量方法。该标准适用于对营业性文化娱乐场所、商业经营活动中使用的向环境排放噪声的设备、设施的管理、评价与控制。

第二节　噪声监测的有效处理手段

一、环境噪声监测的重要性

在人类的各项经济活动中，常见的噪声污染有工业噪声污染、交通噪声污染以及建筑噪声污染等，对人们的日常生活造成了危害。人们的生活质量在不断地提高，汽车保有量也逐渐增大，在车辆行驶的过程中难免会出现鸣笛等噪声污染，尤其是在学校或者医院附近，影响了正常的学习和生活。另外还有一些高分贝或者刺耳的声音也属于噪声的范畴，对周边的环境造成了影响。人类长期地处于噪声环境中，不仅会在一定程度上损害听力，还可能会诱发一系列相关的疾病，所以迫切需要加强噪声监测工作，通过对环境中噪声的监测，分析出监测点的噪声特点和时段范围，并以此为依据来做出合理的环境评价，有针对性地提出相应的污染治理措施，不仅大大提高了噪声污染治理的效率，也有效地加强了环境保护。

环境噪声监测是环境监测体系的重要一员，其布点情况与噪声环境质量密切相关。由此可见，研究环境噪声监测优化布点，能够将整个区域的噪声水平进行全面反映。为处理噪声监测实际问题，必须合理选用若干个有代表性的平均水平测点，为噪声长期定点在线监测提供便利。

二、环境噪声监测存在的问题

（1）现行监测数据难以开展声环境质量深度分析。当前常规监测是我国噪声监测管理的侧重点，针对性监测并未受到重视。常规监测中的内容如城市区域、道路交通噪声监测等，仅能将城市噪声的整体水平反映出来，无法将局部噪声污染变化情况充分体现，为此，此类数据仅可用于年度环境质量报告编制，只能宏观地分析声环境质量，无法开展深度分析。为实现声环境质量评价具有合理性、全面性，在做好常规监测的同时，还要重视针对性监测，准确收集数据。

当前城市区域、道路交通噪声监测数据仅以白天监测为主，但夜间产生的噪声无法体现在监测数据中，无法充分展现监测的功能性、全面性，进而影响了环境噪声监测质量。在城市区域噪声监测过程中，还需做好噪声源类型统计工作，如道路、建筑、工业等，为此对城市噪声分布情况进行分析与研究。但声源统计并不全面，还存在诸多遗漏点，为此，必须重视噪声源统计工作，采取合理的方法，全面实施统计工作，确保噪声监测质量。

（2）噪声监测自动化程度低。近年来，在噪声监测设备投入方面，我国明显低于发达国家，特别是地级市噪声监测仪器较为落后，还有的在使用手持式检测仪器。瞬时性、随机性及局域性等为环境噪声的主要特点，以上特点限制了噪声监测点位的空间性及时间性，更加大了噪声监测、评价的难度，如只选用人工方式，手持仪器进行监测，无法确保监测的科学性、准确性。

三、环境噪声监测问题解决措施

城市声环境质量情况能够全面、客观、准确地被反映出来，与声环境质量监测息息相关。做好声环境质量监测工作，不仅能够反映居民生活、工作声环境水平，还与城市总体规划、发展密切相关，是实现可持续发展的重要途径。在噪声监测中应对声环境特征充分考虑，且重视监测技术要求，重点突出各个监测点位，划分好各个监测层次，且充分反映各个区域的声环境整体监测水平。

（1）监测方法不同，监测手段也要随之改变。城市区域网格监测是常规监测中的主要内容，其具有大量监测点位，且监测时间较长，如选取自动监测法优势较小。同时，自动监测也不适用于时间较短的验收、评价监测。但自动监测的优势可重点发挥于功能区、重点源及交通噪声等方面。噪声自动监测具有较强的时间代表性，为防止人为因素制约，且设备投资及运行成本不高，在噪声监测中占据主体地位。目前环境噪声监测体系主要以自动监测、人工监测相互结合构建，逐渐向重点城市国控点功能区噪声自动监测发展，重点噪声源自动监测包含重点道路、机场等。为满足发展需求，应在噪声自动监测系统的基础上，与新技术，如 GIS、GPS 相结合，进行噪声污染动态地图的绘制，促进噪声监测管理体系、评价体系的建立与完善。

（2）噪声监测发展中，应对常规监测做进一步规范化管理，并做好针对性噪声监测工作。常规监测是城市噪声整体水平的具体体现，在声环境质量评价中其监测结果意义较大。为实现监测的可持续性，应持续开展常规监测，做好问题修正工作，如提高夜间监测频率，做到全面监测。具体来说，就是适量增加功能区监测点位，为噪声自动监测在道路交通及功能区的实施提供有利条件。在针对性噪声监测管理中，应从源头对噪声污染加以严控，做好工程环保、环评验收工作，监督监测固定排放的噪声源。

四、噪声污染防治"大数据"平台架构

（一）噪声污染防治"大数据"平台设计

噪声污染防治"大数据"平台与一般噪声监测与管理业务信息应用系统有本质区别。大数据平台不是一般的"生产型"数据平台（如噪声监测、声环境功能区划、安静小区等是生产业务性数据平台），而是多方汇聚、吸纳、整合、统筹、再次组织社会各类，甚至各行业信息的平台，而这些均参与或涉及噪声污染防治的主动产生、专业产生、间接产生，是大数据平台的上游、源头、供给侧。这些多元、异构、结构化和非结构化信息在大数据平台大量交织，信息价值密度差异很大(有的很高，有的极低)。大数据平台的一个重要功能就是利用信息挖掘手段，根据噪声专业的规则、策略，进行更高层次的改造、转换、有序组织，从单一因子、单一维度向多维关联转化，从而认知和洞察传统的、面向某一具体领域的传统噪声业务数据库难以准确呈现的规律、知识、趋势特征等。

噪声污染防治大数据平台主要由数据采集、存储、处理、共享、应用等系统组成。整体技术架构是基于物理资源及网络资源，采集整合所有与噪声相关的数据汇聚于大数据平台，对数据进行分析挖掘，提供基于可视化的数据分析结果应用，是建立面向对象的噪声业务应用系统和信息服务门户，为第三方环保应用提供商提供统一的应用展示平台，为公众、企业、政府等受众提供噪声污染防治信息服务和交互服务。

1. 数据采集与存储

为保证噪声大数据分析结果的准确性，数据中心需要将不同类型的噪声相关数据，通过数据抽取、分发、清洗、转换和装载等过程，将大数据中不真实的数

据剔除掉，保留最准确的数据，再将源数据存储到数据共享平台中。存储的数据按照生命周期配置为历史归档数据和当期使用数据，提供查询接口和对外开放。数据仓库可以满足大量数据分析处理的要求。

2. 数据处理与共享

数据处理是按预先定义的计算处理需求进行批量计算处理，实现数据建模、数据计算功能。例如，引入噪声地图预测模型，为产业结构布局、城市规划建设、资源开发利用等提出更加合理的噪声污染防治建议。数据共享层支持建立数据服务的标准化接口，促进联防联动，将监察执法处理情况、环境噪声监测情况、噪声污染源在线监控情况进行统一汇总分析，实现跨部门协作，切实加大噪声污染防治监管力度。

3. 数据挖掘处理与可视化分析

应用噪声污染防治大数据平台的最大优势，就是可以把大量的、以往基本上没有得到重视的噪声"大数据"进行挖掘、集成，把来自社交平台如微博、微信及其他手机 App 的大量分散的、缺乏有效组织的、价值密度低的，但仍具有意义的数据资源进行嗅探、抓取、整合、处理，赋予数据系统新的深度，激活它内在的能源，从而达到提高噪声污染防治水平的最终目的。大数据可视化分析在实现大数据自动分析挖掘方法的同时，利用支持信息可视化的用户界面以及支持分析过程的人机交互方式与技术，有效融合计算机的计算能力和人的认知能力，以获得对于大规模复杂数据集的洞察力。大数据可视化技术应用在噪声污染防治中有两个亮点：首先是基于可视化技术的噪声数据分析结果可以提高科学决策水平，实现声环境质量与污染源、社会经济数据间多元非线性数据时空分析能力和智能化应用表征能力。一幅图胜过千言万语，当大数据以直观的可视化的图形形式展示出来时，决策者往往能够更为直观和高效地洞悉可视化图形中隐含的信息和规律。其次是治理模型的立体化展现的是一种极具创意的环境治理方式，通过虚拟的数据我们可以模拟出真实的声环境质量，进而测试所制定的噪声治理方案是否有效等。

（二）噪声污染防治"大数据"平台的应用功能

1. 个人对大数据平台的应用

个人可以通过噪声污染防治大数据服务界面，对噪声综合服务平台进行具体的应用。首先，个人可以与自己所在城市的噪声污染防治大数据服务平台进行实时的智能互动，其分为个人主动型和个人被动型。在个人主动型方面，个人可以通过大数据服务平台的个人服务界面，把自己遭遇的噪声污染问题或建议等实时通过手机传送到自己所在城市的大数据服务平台，通过对相关数据的处理和分析以反馈给个人建议。在个人被动型方面，大数据服务平台可以基于对个人以往数据的处理和分析，在预测的基础上，从维护个人利益的角度上给予个人一定的建议，如购房建议等。

2. 社会组织对大数据平台的应用

社会组织对噪声污染防治大数据综合服务平台的应用体现在其运营的全过程之中。例如，企业、事业单位以及人民团体等把其相关数据汇入大数据服务平台，或者将其所拥有的数据服务平台接入噪声大数据平台，实现数据服务共享。企业可以基于平台选择最优的噪声治理方案；事业单位可以基于服务平台进行数据查询以及科学研究等。

3. 政府对大数据平台的应用

政府对噪声污染防治大数据服务平台应用的模式和方法不是现成的，而是需要政府在具体应用的过程中根据噪声管理的需要探索相关数据分析模型，基于噪声管理的规律，在相关行政部门进行推广。应用大数据技术可以建立面向噪声污染防治的舆情分析云平台，全天候对目标网站、论坛、博客、微博发布的有关噪声污染的舆情信息进行采集、跟踪和监控。对于噪声大数据采集工作，可以借鉴"数据众包"思路，譬如对噪声源的部分监管工作，可通过平台自助式地把各类数据采集类型任务发布给公众人群，公众利用手机参与应用，就可直接完成各类数据采集任务，整个数据采集过程无须人工干预。同时利用多种数据挖掘算法及自然语言处理技术对网页内容进行分析，获取噪声投诉、信访事件主题及关键信息，定位噪声事件发生地点，发现热点事件并跟踪发展趋势，一方面使噪声管理者可以更好地了解热点事件、政策实施效果等；另一方面可以将公众交互行为产生的最新信息及时记录下来进行分析，进而面向社会开展精细化服务，实现个性化的推荐功能，为公众提供更多便利，产生更大价值。

第六章　环境监测质量保证

现代社会的经济水平随着快速增长的经济指标不断向前发展，城市的扩张和工业制造业产量的提高在改善人们生活质量的同时也对环境产生了不小的影响。在环境监测领域，对于环境指标的分析和数据处理的工作，需要严格控制其流程的合理性和规范性。为了进一步提高环境监测工作的质量和效率，研究人员应对数据的获取、处理和统计等方面进行充分的细化，并在实践中不断总结经验，完成环境监测体系结构的健全与优化。基于此，本章对环境监测质量展开讲述。

第一节　概　述

1. 环境监测质量保证和环境监测质量控制

（1）环境监测质量保证的定义。

环境监测质量保证是对整个环境监测过程进行技术上、管理上的全面监督，以保证监测数据的准确性和可靠性。

（2）环境监测质量控制的定义。

环境监测的质量控制是为了满足环境监测质量需求所采取的操作技术和活动。

环境监测的质量控制是环境监测质量保证的一部分，主要是对实验室的质量、管理进行监督，包括实验室内部质量控制和外部质量控制。

2. 环境监测质量保证的内容

环境监测质量保证是整个环境监测过程的全面质量管理，包括制订计划、根据需要和可能确定监测指标及数据的质量要求，规定相应的分析监测系统。其内容包括采样、样品预处理、储存、运输、实验室供应，仪器设备、器皿的选择和校准，试剂、溶剂和基准物质的选用，统一测量方法，质量控制程序，数据的记录和整理，各类人员的要求和技术培训，实验室的清洁度和安全，以及编写有关的文件、指南和手册等。

3. 环境监测质量保证的目的

环境监测质量保证的目的是确保分析数据达到预定的准确度和精密度，避免出现错误的或失真的监测数据，给环境保护相关工作造成误导和不可挽回的损失。

从质量保证和质量控制的角度出发，为了使监测数据能够准确地反映环境质量的现状并预测污染的发展趋势，要求环境监测数据具有代表性、完整性、准确性、精密性和可比性。

（1）代表性：表示在具有代表性的时间、地点，按规定的采样要求采集的能反映总体真实状况的有效样品。

（2）完整性：表示取得有效监测资料的总量满足预期要求的程度，或表示相关资料收集的完整性。

（3）准确性：表示测量值与真值的符合程度，一般以准确度来表征。

（4）精密性：表示多次重复测定同一样品的分散程度，一般以精密度来表征。

（5）可比性：表示在环境条件、监测方法、资料表达方式等可比条件下所获资料的一致程度。

4. 环境监测质量保证的意义

环境监测质量保证是环境监测中十分重要的技术工作和管理工作。质量保证和质量控制是一种保证监测数据准确可靠的方法，也是科学管理实验室和监测系统的有效措施，它可以保证数据质量，使环境监测建立在可靠的基础上。因此，环境监测质量保证的意义在于使各个实验室从采样到得出结果所提供的数据都有规定的准确性和可比性，以便做出正确的结论。

一个实验室或一个国家开展质量保证活动是该实验室或国家环境监测水平的重要标志。

第二节　监测实验室基础

一、实验用水

水是最常用的溶剂，配制试剂和标准物质、玻璃仪器的洗涤均需大量使用。它对分析质量有着广泛而根本的影响。在环境监测实验中，根据不同用途，需要采用不同质量的水。

（一）实验室用水的规格

国家标准《分析实验室用水规格和试验方法》（GB/T 6682—2008）将适用于化学分析和无机痕量分析等试验用水分为 3 个级别：一级水、二级水和三级水。

（二）实验室用水的分类

实验室用水主要有下面三大类：蒸馏水、去离子水、特殊用水。

1. 蒸馏水

蒸馏水的质量因蒸馏器的材料与结构而异，水中常含有可溶性气体和挥发性物质。现在介绍几种常用蒸馏器及其所得蒸馏水的用途：金属蒸馏器所获得的蒸馏水含有微量金属杂质，而玻璃蒸馏器由含低碱高硅硼酸盐的"硬质玻璃"制成，所得的水含痕量金属。石英蒸馏器含 99.9% 以上的二氧化硅，所得蒸馏水仅含痕量金属杂质，不含玻璃溶出物。亚沸蒸馏器是由石英制成的自动补液蒸馏装置，其热源功率很小，使水在沸点以下缓慢蒸发，故而不存在雾滴污染问题，所得蒸馏水几乎不含金属杂质。

2. 去离子水

去离子水是用阳离子交换树脂和阴离子交换树脂以一定形式组合进行水处理。去离子水含金属杂质极少，适于配制痕量金属分析用的试液，因其含有微量树脂浸出物和树脂崩解微粒，所以不适用于配制有机分析试液。

3. 特殊用水

在分析某些指标时，对分析过程中所用的纯水这些指标的含量应越低越好，因此提出某些特殊要求的纯水以及制取方法。

（1）无氯水：加入亚硫酸钠等还原剂将水中余氯还原为氯离子，用联邻甲苯胺检查不显黄色。用附有缓冲球的全玻璃蒸馏器（以下各项的蒸馏同此）进行蒸馏制得。

（2）无氨水：加入硫酸至 pH 值小于 2，使水中各种形态的氨或胺均转变成不挥发的盐类，收集馏出液即得，但应注意避免实验室空气中存在的氨对水的重新污染。

（3）无二氧化碳水：可通过两种方法制得。第一种方法是煮沸法：将蒸馏水或去离子水煮沸至少 10 min（水多时），或使水量蒸发 10% 以上（水少时），加盖放冷即得。第二种方法是曝气法：用惰性气体或纯氮通入蒸馏水或去离子水至饱和即得。制得的无二氧化碳水应储于附有碱石灰管的用橡皮塞盖严的瓶中。

（4）无铅（重金属）水：用氢型强酸性阳离子交换树脂处理原水即得。所用储水器事先用 6 mol/L 硝酸溶液浸泡过夜再用无铅水洗净。

（5）无砷水：一般蒸馏水和去离子水均能达到基本无砷的要求。应避免使用软质玻璃制成的蒸馏器、储水瓶树脂管。进行痕量砷分析时，必须使用石英蒸馏器、石英储水瓶、聚乙烯树脂管。

（6）无酚水：采用加碱蒸馏法制取。加氢氧化钠至水的 pH 值大于 11，使水中的酚生成不挥发的酚钠后蒸馏即得；也可同时加入少量高锰酸钾溶液至水呈深红色后进行蒸馏。

（7）不含有机物的蒸馏水：加入少量高锰酸钾碱性溶液，使水呈紫红色，进行蒸馏即得。若蒸馏过程中红色褪去应补加高锰酸钾。

二、化学试剂

（一）化学试剂的分类

一般按试剂的化学组成或用途分类，分为无机试剂、有机试剂、基准试剂、等效试剂、食品分析试剂、生化试剂、指示剂和试纸、高纯物质、标准物质等。

（二）化学试剂的规格及应用范围

1. 分类

化学试剂的规格按纯度和作用分为化学纯试剂、分析纯试剂、优级纯试剂、基准试剂、光谱纯试剂和色谱纯试剂。

2. 应用范围

（1）化学纯试剂，为三级试剂，简写为 CP，一般瓶上用深蓝色标签。主成分含量高、纯度较高，存在干扰杂质，适用于化学实验和合成制备。

（2）分析纯试剂，为二级试剂，简写为 AR，一般瓶上用红色标签。主成分含量很高、纯度较高，干扰杂质很低，适用于工业分析及化学实验。

（3）优级纯试剂，又称保证试剂，为一级试剂，简写为 GR，一般瓶上用绿色标签。主成分含量很高、纯度很高，适用于精确分析和研究工作，有的可作为基准物质。

（4）基准试剂：简写为 PT，可直接配制标准溶液，专门作为基准物用。

（5）光谱纯试剂：简写为 SP，用于光谱分析，适用于分光光度计标准品、原子吸收光谱标准品、原子发射光谱标准品。

（6）色谱纯试剂：分为气相色谱（GC）分析专用和液相色谱（LC）分析专用。质量指标注重干扰色谱峰的杂质。主成分含量高。

3. 化学试剂的标签颜色

我国国家标准《化学试剂　包装及标志》（GB 15346—2012）规定用不同的颜色标记化学试剂的等级及门类，见表6-1。

表6-1　化学试剂的标签颜色

级别	中文标志	英文标志	标签颜色
一级	优级纯	GR	绿色
二级	分析纯	AR	红色
三级	化学纯	CP	深蓝色
	基准试剂	PT	深绿色

4. 化学试剂的使用方法

（1）应熟悉最常用的试剂的性质，如市售酸碱的浓度、试剂在水中的溶解度、有机溶剂的沸点、试剂的毒性等。

（2）要注意保护试剂瓶的标签，它标明试剂的名称、规格、质量，万一掉失应照原样贴牢。分装或配制试剂后应立即贴上标签。绝不可在瓶中装上不是标签指明的物质。无标签（无法识别）或失效（不能使用）的试剂要按照国家相关规定妥善处理、处置。

（3）为保证试剂不受沾污，应当用清洁的牛角勺从试剂瓶中取出试剂。

（4）不可用鼻子对准试剂瓶口猛吸气。

（5）试剂均应避免阳光直射及靠近暖气等热源。

（6）应根据实验要求恰当地选用不同规格的试剂。

三、分析仪器

分析仪器的应用领域十分广泛，有的用于生产过程分析，有的用于环境监测，还有许多用于各个学科和企业部门的实验室。为了适应不同的需要，分析仪器的结构比较庞杂。

在环境监测过程中，分析仪器是常用的基本工具。其质量和性能会直接影响分析结果的准确性和精密度。常用的分析仪器有玻璃类仪器、天平、烘箱及专用监测仪器等。

常用的玻璃类仪器有烧杯、量桶、移液管、滴定管、容量瓶等。在分析工作中，洗涤玻璃仪器不仅是实验前必须做的一项准备工作，也是一项技术性的工作。仪器洗涤是否符合要求，对检验结果的准确度和精密度均有影响。

环境检测实验室的天平按照其精确度可分为三种：

（1）托盘天平。常用的精确度不高的天平，由托盘、横梁、平衡螺母、刻度尺、指针、刀口、底座、分度标尺、游码、砝码等组成。精确度一般为 0.1 g 或 0.2 g。

（2）分析天平。分析天平一般是指能精确称量到 0.000 1 g（0.1 mg）的天平。

（3）电子天平。用电磁力平衡称量物体重量的天平称为电子天平。其特点是称量值准确可靠、显示快速清晰，并且具有自动检测系统、简便的自动校准装置以及超载保护等装置。

专用监测仪器有 pH 计、电导率仪、紫外 – 可见分光光度计、原子吸收分光光度计、气相色谱仪、液相色谱仪、ICP、FTIR、GC-MS、HLPC-MS 等。

四、实验室管理制度

实验室教学作为实践教学中的重要手段，在学习和教学中扮演了重要的角色。正是认识到了实验室教学的重要性，各个学校的实验室才相继落成。实验室的仪器、耗材、低值品等的需求也越来越大，古老的登记管理方式已经渐渐无法满足需求。

面对日益增多的实验教学需求，古老的人工管理方式和人工预约方式受到了强烈的冲击，更加简便、清晰、规范的实验室管理系统应运而生。

通过使用实验室管理系统实现实验室、实验仪器与实验耗材管理的规范化、信息化，提高实验教学特别是开放实验教学的管理水平与服务水平，为实验室评估、实验室建设及实验教学质量管理等的决策提供数据支持，智能生成每学年教育部数据报表，协助学校完成数据上报工作。运用计算机技术，特别是现代网络技术，为实验室管理、实验教学管理、仪器设备管理、低值品与耗材管理、实验室建设与设备采购、实验室评估与评教、实践管理、数据与报表等相关事务进行网络化的规范管理。

第三节　监测数据统计处理

一、数据处理和结果表述

（一）有效数字及有效数字的记录

1. 有效数字

有效数字是指在分析和测量中所能得到的有实际意义的数字。有效数字的位数反映了计量器具的精密度和准确度。记录和报告的结果只包含有效数字，对有效数字的位数不能任意增删。因此必须按照实际工作需要对测量结果的原始数据进行处理。

2. 有效数字的记录

有效数字保留的位数，应根据分析方法与仪器的准确度来确定，一般测得的数值中只有最后一位是可疑的。

例如，在分析天平上称取试样 0.500 0 g，这不仅表明试样的质量为 0.500 0 g，还表明称量的误差在 ±0.000 2 g 以内；如将其质量记录成 0.50 g，则表明该试样是在台称上称量的，其称量误差为 0.02 g，故记录数据的位数不能任意增加或减少。

如在上例中，在分析天平上测得称量瓶的质量为 10.432 0 g，这个记录有 6 位有效数字，最后一位是可疑的。因为分析天平只能准确到 0.000 2 g，即称量瓶的实际质量应为（10.432 0 ± 0.000 2）g，无论计量仪器如何精密，其最后一位数总是估计出来的。因此，所谓有效数字就是保留末位不准确数字，其余数字均为准确数字。同时从上面的例子也可以看出有效数字和仪器的准确程度有关，即有效数字不仅表明数量的大小，而且反映测量的准确度。

3. 有效数字中"0"的意义

"0"在有效数字中有两种意义：一种是作为数字定值，另一种是有效数字。

例如，在分析天平上称量物质，得到如下质量：物质质量分别为 10.143 0 g、2.104 5 g、0.210 4 g、0.012 0 g，其有效数字位数分别为 6 位、5 位、4 位，3 位。以上数据中"0"所起的作用是不同的。在 10.143 0 中两个"0"都是有效数字，所以它有 6 位有效数字。在 2.104 5 中的"0"也是有效数字，所以它有 5 位有效数字。在 0.210 4 中，小数点前面的"0"是定值用的，不是有效数字，而在数据中的"0"是有效数字，所以它有 4 位有效数字。在 0.012 0 中，"1"前面的两个"0"都是定值用的，而在末尾的"0"是有效数字，所以它有 3 位有效数字。

综上所述，数字中间的"0"和末尾的"0"都是有效数字，而数字前面所有的"0"只起定值作用。以"0"结尾的正整数，其有效数字的位数不确定。例如，4 500 这个数，就无法确定是几位有效数字，可能为 2 位或 3 位，也可能是 4 位。遇到这种情况，应根据实际有效数字书写成：4.5×10^3 表示有 2 位有效数字，4.50×10^3 表示有 3 位有效数字，4.500×10^3 表示有 4 位有效数字。因此，很大或很小的数，常用 10 的乘方表示。当有效数字确定后，在书写时一般只保留一位可疑数字，多余数字按数字修约规则处理。对于滴定管、移液管和吸量管，它们都能准确测量溶液体积到 0.01 mL。所以当用 50 mL 滴定管测定溶液体积时，如测量体积大于 10 mL、小于 50 mL，应记录为 4 位有效数字，如写成 24.22 mL；如测定体积小于 10 mL，应记录 3 位有效数字，如写成 8.13 mL。当用 25 mL 移液管移取溶液时，应记录为 25.00 mL；当用 5 mL 移液管移取溶液时，应记录为 5.00 mL。当用 250 mL 容量瓶配制溶液时，所配溶液体积应记录为 250.0 mL。当用 50 mL 容量瓶配制溶液时，应记录为 50.00 mL。总之，测量结果所记录的数字，应与所用仪器测量的准确度相适应。

（二）有效数字的修约规则

各种测量、计算的数据需要修约时，应遵守下列规则：四舍五入五考虑，五后非零则进一，五后皆零视奇偶，五前为偶应舍去，五前为奇则进一。

[例] 请将下列数据修约到只保留两位小数：416.375 28；416.384 95；

416.386 00；416.385 00；416.375 00。

修约结果：416.38（五后非零则进一）；

416.38（四舍五入五考虑，按规则一次修约，不能多次修约成416.39）；

416.39（四舍五入五考虑）；

416.38（五前为偶应舍去）；

416.38（五前为奇则进一）。

（三）近似计算法则

1. 加减运算

应以各数中有效数字末位数的数位最高者为准（小数即以小数部分位数最少者为准），其余数均比该数向右多保留一位有效数字。

2. 乘除运算

应以各数中有效数字位数最少者为准，其余数均多取一位有效数字，所得的积或商也多取一位有效数字。

3. 平方或开方运算

其结果可比原数多保留一位有效数字。

4. 对数运算

所取对数位数应与真数有效数字位数相等。

在所有计算式中，常数 π 的数值及因子 2 等的有效数字位数，可认为无限制，需要几位就取几位。表示精度时，一般取一位有效数字，最多取两位有效数字。

（四）误差的基本概念

由于人们认识能力的局限、科学技术水平的限制，以及测量数值不能以有限位数表示（如圆周率 π）等原因，在对某一对象进行试验或测量时，所测得的数值与其真实值不会完全相等，这种差异即称为误差。但是随着科学技术的发展、人们认识水平的提高、实践经验的增加，测量的误差数值可以被控制在很小的范围内，或者说测量值可更接近于其真实值。

1. 真值

真值即真实值，是指在一定条件下，被测量客观存在的实际值。真值通常是个未知量，一般所说的真值是指理论真值、规定真值和相对真值。

（1）理论真值：理论真值也称绝对真值，如平面三角形三内角之和为180°。

（2）规定真值：国际上公认的某些基准量值，如国际计量大会规定"1 m 等于真空中氪 86 原子的 $2P_{10}$ 和 $5d_5$ 能级之间跃迁时辐射的 1 650 763.73 个波长的长度"。

国际计量局召开的米定义咨询委员会提出新的米定义为"米等于光在真空中 1/299792458 秒时间间隔内所经路径的长度"。这个米基准就当作计量长度的规定真值。

规定真值也称约定真值。

（3）相对真值：计量器具按精度不同分为若干等级，上一等级的指示值即为下一等级的真值，此真值称为相对真值。例如，在力值的传递标准中，用二等标准测力计校准三等标准测力计，此时二等标准测力计的指示值即为三等标准测力计的相对真值。

2. 误差

根据误差表示方法的不同，有绝对误差和相对误差。

（1）绝对误差。绝对误差是指实测值与被测值之量的真值之差。但是，大多数情况下，真值是无法得知的，因而绝对误差也无法得到。一般只能应用一种更精密的量具或仪器进行测量，所得数值称为实际值，它更接近真值，并用它代替真值计算误差。

绝对误差具有以下性质：

①它是有单位的，与测量时采用的单位相同；

②它能表示测量的数值是偏大还是偏小及偏离程度；

③它不能确切地表示测量所达到的精确程度。

（2）相对误差。相对误差是指绝对误差与被测真值（或实际值）的比值，相对误差不仅能反映测量的绝对误差，而且能反映出测量时所达到的精度。相对误差具有以下性质：

①它是无单位的，通常以百分数表示，而且与测量所采用的单位无关，而绝对误差则不然，测量单位改变，其值亦变；

②能表示误差的大小和方向，相对误差大时绝对误差亦大；

③能表示测量的精确程度。

因此，通常都用相对误差来表示测量误差。

3. 误差的来源

在任何测量过程中，无论采用多么完善的测量仪器和测量方法，也无论在测量过程中怎样细心和谨慎，都不可避免地存在误差。产生误差的原因是多方面的，可以归纳如下：

（1）装置误差。装置误差主要是由设备装置的设计制造、安装、调整与运用引起的误差，如试验机示值误差，等臂天平不等臂，仪器安装不垂直、偏心等。

（2）环境误差。环境误差是由于各种环境因素达不到要求的标准状态所引起的误差，如混凝土养护条件达不到标准的温度、湿度要求等。

（3）人员误差。人员误差是由测试者生理上的最小分辨力和固有习惯引起的误差，如对准示值读数时，始终偏左或偏右、偏上或偏下、偏高或偏低。

（4）方法误差。方法误差测试者未按规定的操作方法进行试验所引起的误差，如强度试验时试块放置偏心，加荷速度过快或过慢等。

需要指出，以上几种误差来源，有时是联合作用的，在进行误差分析时，可作为一个独立的误差因素来考虑。

4. 误差的分类

误差就其性质而言，可分为系统误差、随机误差（或称偶然误差）和过失误差（或称粗差）。

（1）系统误差。在同一条件下，多次重复测试同一量时，误差的数值和正负号有较明显的规律。系统误差通常在测试之前就已经存在，而且在试验过程中，始终偏离一个方向，在同一试验中其大小和符号相同。例如，试验机示值的偏差等。系统误差容易识别，并可通过试验或用分析方法掌握其变化规律，在测量结果中加以修正。

系统误差的来源：仪器误差、方法误差、试剂误差和操作误差。

系统误差的特点：单向性、重复性和可测性。

（2）随机误差。在相同条件下，多次重复测试同一量时，出现误差的数值和正负号没有明显的规律，它是由许多难以控制的微小因素造成的。例如，原材料特性的正常波动、试验条件的微小变化等。由于每个因素出现与否，以及这些因素所造成的误差大小、方向事先无法知道，有时大，有时小，有时正，有时负，其发生完全出于偶然，因而很难在测试过程中加以消除。但是，我们完全可以掌握这种误差的统计规律，用概率论与数理统计方法对数据进行分析和处理，以获得可靠的测量结果。

随机误差的来源：可能是由于环境（气压、温度、湿度）的偶然波动或仪器的性能、分析人员对各份试样处理时不一致所产生的。

随机误差的特点：不确知性和随机性。

（3）过失误差。过失误差明显地歪曲试验结果，如测错、读错、记错或计算错误等。含有过失误差的测量数据是不能采用的，必须利用一定的准则从测得的数据中剔除。因此，在进行误差分析时，只考虑系统误差与随机误差。

过失误差的来源：因操作不细心、加错试剂、读数错误、计算错误等引起结果的差异。

5.控制和消除误差的方法

（1）正确选取样品量；

（2）增加平行测定次数，减少偶然误差；

（3）对照试验；

（4）空白试验；

（5）校正仪器和标定溶液；

（6）严格遵守操作规程。

二、方差分析

方差分析是统计学上的一个概念，又称"变异数分析"或"F检验"，是R.A.Fister发明的，用于两个及两个以上样本均数差别的显著性检验。

方差分析是分析试验数据和测量数据的一种常用的统计方法。环境监测是一个复杂的过程，各种因素的改变都可能对测量结果产生不同程度的影响。方差分析就是通过分析数据，弄清和研究对象有关的各个因素对该对象是否存在影响及影响程度和性质。在实验室的质量控制、协作试验、方法标准化以及标准物质的制备工作中，都经常采用方差分析。

方差分析的应用条件：各样本必须是相互独立的随机样本；各样本来自正态分布总体；各总体方差相等，即方差齐性。

（一）方差分析中的名词

1.单因素试验和多因素试验

一项试验中只有一种可改变的因素称为单因素试验，具有两种以上可改变因素的试验称为多因素试验。在数理统计中，通常用A、B等表示因素，在实际工作中可酌情自定，如不同实验室用 L 表示、不同方法用 M 表示等。

2. 水平

因素在试验中所处的状态称水平。例如，比较使用同一分析方法的五个实验室是否具有相同的准确度，该因素有五个水平；比较三种不同类型的仪器是否存在差异，该因素有三个水平；比较九瓶同种样品是否均匀，该因素有九个水平。在数理统计中，通常用 a、b 等表示因素 A、B 等的水平数。在实际工作中可酌情自定，如因素 L 的水平数用 l 表示，因素 M 的水平数用 m 表示等。

3. 总变差及总差方和

在一项试验中，全部试验数据往往参差不齐，这一总的差异称为总变差。总变差可以用总差方和（ST）来表示。ST 可分解为随机作用差方和水平间差方和。

4. 随机作用差方和

在产生总变差的原因中，部分原因是试验过程中各种随机因素的干扰与测量中随机误差的影响，表现为同一水平内试验数据的差异，这种差异用随机作用差方和（SE）表示。

在实际问题中 SE 常代之以具体名称，如平行测定差方和、组内差方和、批内差方和、室内差方和等。

5. 水平间差方和

产生总变差的另一部分原因是来自试验过程中不同因素及因素所处的不同水平的影响，表现为不同水平试验数据均值之间的差异，这种差异用各因素（包括交互作用）的水平间差方和 SA、SB、SA×B 等表示，在实际问题中常代之以具体名称，如重复测定差方和组间差方和、批间差方和室间差方和等。

在多因素试验中，不仅各个因素在起作用，而且各因素间有时能联合起来起作用，这种作用被称为交互作用，如因素 A 与 B 的交互作用表示为 A×B。

（二）假定条件和假设检验

1. 方差分析的假定条件

（1）各处理条件下的样本是随机的。

（2）各处理条件下的样本是相互独立的，否则可能出现无法解析的输出结果。

（3）各处理条件下的样本分别来自正态分布总体，否则使用非参数分析。

（4）各处理条件下的样本方差相同，即具有齐效性。

2. 方差分析的假设检验

假设有 K 个样本，如果原假设 H_0 样本均数都相同、K 个样本有共同的方差 σ，则 K 个样本来自具有共同方差 σ 和相同均值的总体。

如果经过计算，发现组间均方远远大于组内均方，则推翻原假设，说明样本来自不同的正态总体，处理造成均值的差异有统计意义；否则承认原假设，样本来自相同总体，处理间无差异。

（三）基本步骤

整个方差分析的基本步骤如下：

（1）建立检验假设。

H_0：多个样本总体均值相等；

H_1：多个样本总体均值不相等或不全等。

检验水准为 0.05。

（2）计算检验统计量 F 值。

（3）确定 P 值并得出推断结果。

（四）相关分类

1. 单因素方差分析

单因素方差分析是用来研究一个控制变量的不同水平是否对观测变量产生了显著影响。这里，由于仅研究单个因素对观测变量的影响，因此称为单因素方差分析。

例如，分析不同施肥量是否给农作物产量带来显著影响，考察地区差异是否影响妇女的生育率，研究学历对工资收入的影响等。这些问题都可以通过单因素方差分析得到答案。

单因素方差分析的第一步是明确观测变量和控制变量。例如，上述问题中的观测变量分别是农作物产量、妇女生育率、工资收入；控制变量分别为施肥量、地区、学历。

单因素方差分析的第二步是剖析观测变量的方差。方差分析认为观测变量值的变动会受控制变量和随机变量两方面的影响。据此，单因素方差分析将观测变量总的离差平方和分解为组间离差平方和组内离差平方和两部分，用数学形式表述如下：SST=SSA+SSE。

单因素方差分析的第三步是通过比较观测变量总离差平方和各部分所占的比例，推断控制变量是否给观测变量带来了显著影响。

单因素方差分析原理：在观测变量总离差平方和中，如果组间离差平方和所占比例较大，则说明观测变量的变动主要是由控制变量引起的，可以主要由控制变量来解释，控制变量给观测变量带来了显著影响；反之，如果组间离差平方和所占比例小，则说明观测变量的变动不是主要由控制变量引起的，不可以主要由控制变量来解释，控制变量的不同水平没有给观测变量带来显著影响，观测变量值的变动是由随机变量因素引起的。

单因素方差分析基本步骤：

（1）提出原假设：H_0 表示无差异；H_1 表示有显著差异。

（2）选择检验统计量：方差分析采用的检验统计量是 F 统计量，即 F 值检验。

（3）计算检验统计量的观测值和概率 P 值：该步骤的目的就是计算检验统计量的观测值和相应的概率 P 值。

（4）给定显著性水平，并做出决策。

单因素方差分析的进一步分析：在完成上述单因素方差分析的基本分析后，可得到关于控制变量是否对观测变量造成显著影响的结论，接下来还应做其他几个重要分析，主要包括方差齐性检验及多重比较检验。

方差齐性检验是对控制变量不同水平下各观测变量总体方差是否相等进行检验。

控制变量各水平下的观测变量总体方差无显著差异是方差分析的前提要求。如果没有满足这个前提要求，就不能认为各总体分布相同。因此，有必要对方差是否齐性进行检验。

SPSS 单因素方差分析中，方差齐性检验采用了方差同质性检验方法，其原假设是各水平下观测变量总体的方差无显著差异。

多重比较检验：单因素方差分析的基本分析只能判断控制变量是否对观测变量产生了显著影响。如果控制变量确实对观测变量产生了显著影响，还应进一步确定控制变量的不同水平对观测变量的影响程度，其中哪个水平的作用明显区别于其他水平、哪个水平的作用是不显著的，等等。

例如，如果确定了不同施肥量对农作物的产量有显著影响，那么还需要了解 10 kg、20 kg、30 kg 肥料对农作物产量的影响幅度是否有差异，其中哪种施肥量水平对提高农作物产量的作用不明显、哪种施肥量水平最有利于提高产量等。掌握了这些重要的信息就能够帮助人们制定合理的施肥方案，实现低投入高产出。

多重比较检验利用了全部观测变量值，实现对各个水平下观测变量总体均值的逐对比较。由于多重比较检验问题也是假设检验问题，因此也遵循假设检验的基本步骤。

2. 多因素方差分析

多因素方差分析用来研究两个及两个以上控制变量是否对观测变量产生显著影响。由于是研究多个因素对观测变量的影响，因此称为多因素方差分析。多因素方差分析不仅能够分析多个因素对观测变量的独立影响，而且能够分析多个控制因素的交互作用能否对观测变量的分布产生显著影响，进而最终找到有利于观测变量的最优组合。

例如，分析不同品种、不同施肥量对农作物产量的影响时，可将农作物产量作为观测变量，品种和施肥量作为控制变量。利用多因素方差分析方法，研究不同品种、不同施肥量是如何影响农作物产量的，并进一步研究哪种品种与哪种水平的施肥量是提高农作物产量的最优组合。

3. 协方差分析

通过上述的分析可以看到，不论是单因素方差分析还是多因素方差分析，控制因素都是可控的，其各个水平可以通过人为的努力得到控制和确定。但在许多实际问题中，有些控制因素很难人为控制，但它们的不同水平确实对观测变量产生了较为显著的影响。

例如，在研究农作物产量问题时，如果仅考察不同施肥量、品种对农作物产量的影响，不考虑不同地块等因素而进行方差分析，显然是不全面的。因为事实上有些地块可能有利于农作物的生长，而另一些却不利于农作物的生长。不考虑这些因素进行分析可能会导致即使不同的施肥量、不同品种农作物对产量没有产生显著影响，但分析的结论却可能相反。

再如，分析不同的饲料对生猪增重是否产生显著差异。如果单纯分析饲料的作用，而不考虑生猪各自不同的身体条件（如初始体重不同），那么得出的结论很可能是不准确的。因为体重增重的幅度在一定程度上是受到诸如初始体重等其他因素影响的。

协方差分析的原理：协方差分析将那些人为很难控制的控制因素作为协变量，并在排除协变量对观测变量影响的条件下，分析控制变量（可控）对观测变量的作用，从而更加准确地对控制因素进行评价。

协方差分析仍然依凭方差分析的基本思想，并在分析观测变量变差时，考虑了协变量的影响，人为观测变量的变动受四个方面的影响，即控制变量的独立作用、控制变量的交互作用、协变量的作用和随机因素的作用，并在扣除协变量的影响后，再分析控制变量的影响。

方差分析中的原假设：协变量对观测变量的线性影响是不显著的；在协变量影响扣除的条件下，控制变量各水平下观测变量的总体均值无显著差异，控制变量各水平对观测变量的效应同时为零。检验统计量仍采用 F 统计量，它们是各均方与随机因素引起的均方比。

第四节　实验室质量控制

实验室质量控制包括实验室内部质量控制和实验室间质量控制两部分。常用的方法有分析标准样品以进行实验室之间的评价和分析测量系统的现场评价等。

一、基本概念

（一）准确度

准确度是指在一定实验条件下，用同一方法对某一总体反复抽样，或对同一（或均匀）样本用同一方法反复测量时，各观测值离开观测平均值的程度。数据越分散，准确度越差。引起数据分散的随机误差作为反映准确度的定量指标。

（二）精密度

精密度是指在规定条件下，用同一测量方法对某一总体反复抽样时，样本平均值离开总体平均值的程度。系统误差越大即二者的偏差越大，则精密度越低。通常将系统误差的大小作为反映精密度高低的定量指标。

由此可见，精密度与准确度分别是对两类不同性质的系统误差和随机误差的描述。只有当系统误差和随机误差都很小时才能说精确度高。精确度是对系统误差和随机误差的综合描述。

对于上述概念，目前国内外尚不完全统一，有的把准确度称为正确度，而把精密度称为准确度；有的把精密度简称为精度，而有的则把精确度简称为精度。尽管在名词的称谓上有所差异，但其所包含的内容（系统误差与随机误差对测量结果影响的程度）是完全一致的。

（三）灵敏度

灵敏度指某方法对单位浓度或单位量待测物质变化所产生的响应量变化程度。它可以用仪器的响应量或其他指示量与对应的待测物质的浓度或量之比来描述，如分光光度法，常用校准曲线的斜率度量灵敏度。K 值越大，灵敏度越高。灵敏度与实验条件有关。

（四）检出限

检出限是指对某一特定的分析方法在给定的可靠程度（置信度）内可以从样品中检出待测物质的最小浓度或最小量。

所谓"检出"是指定性检测，即断定样品中确实存在有浓度高于空白的待测物质。

检出上限指与校准曲线直线部分的最高界限点相应的浓度值。

方法适用范围指某一特定方法的检出限到检测上限之间的浓度范围。在此范围内可做定性或定量的测定。

（五）校准曲线

校准曲线指描述待测物质浓度或量与相应的测量仪器响应量或其他指示量之间的定量关系曲线。

标准曲线：用标准溶液系列直接测量，没有经过水样的预处理过程。

工作曲线：所使用的标准溶液经过了与水样相同的消解、净化、测量等全过程。

校准曲线的线性范围：某方法校准曲线的直线部分所对应的待测物质浓度或量的变化范围，称为该方法的线性范围。

标准曲线的绘制：

（1）配制在测量范围内的一系列已知浓度标准溶液，至少应包括 5 个浓度点的信号值。

（2）按照与样品测定相同的步骤测定各浓度标准溶液的响应值。

（3）选择适当的坐标纸，以响应值为纵坐标，浓度（或量）为横坐标，将测量数据标在坐标纸上。

（4）通过各点绘制一条合理的曲线。在环境监测中，通常选用它的直线部分。

（5）校准曲线的点阵符合要求 $|r| \geqslant 0.9999$ 时，可用最小二乘法的原理计算回归方程。

（六）空白试验

空白试验也称空白测定，指除用水代替样品外，其他所加试剂和操作步骤均与样品测定的完全相同的操作过程。空白试验应与样品测定同时进行。空白值的大小和它的分散程度，影响着方法的检测限和测试结果的精密度。

影响空白值的因素包括纯水质量、试剂纯度、试液配制质量、玻璃器皿的洁净度、精密仪器的灵敏度和精确度、实验室的清洁度、分析人员的操作水平和经验，等等。

二、实验室内部质量控制

实验室内部质量控制是实验室自我控制质量的常规程序，它能反映、分析质量稳定性如何，以便及时发现分析中的异常情况，随时采取相应的校正措施。其内容包括空白试验、校准曲线核查、仪器设备的定期标定、平行样分析、加标样分析、密码样品分析和编制质量控制图等。

三、实验室间质量控制

实验室间质量控制包括分发标准样对诸实验室的分析结果进行评价、对分析方法进行协作实验验证、对加密码样进行考察等。它是发现和消除实验室间存在的系统误差的重要措施。通常是由常规监测以外的中心监测站或其他有经验的人员来执行，以便对数据质量进行独立评价，各实验室可以从中发现所存在的系统误差等问题，以便及时校正，提高监测质量。

第五节　环境标准物质

一、环境标准物质

1. 环境标准物质的定义

（1）标准物质。

标准物质又称标准参考物质、参考物质、标准样品等。国际标准化组织推荐使用"有证参考物质"（Certified Reference Material，缩写为 CRM）一词。我国的标准物质以 BW（"标物"的汉语拼音缩写）为代号。

（2）环境标准物质。

环境标准物质又称环境标准参照物质，是在组成与性质上与被测的环境物质相似的参照物质。由于目前所用的仪器分析方法仅是一种相对的测定法，因而要用标准参照物质对仪器分析加以校正，以排除在被测成分的量与测定信号之间所引起的干扰和影响，从而获得较准确的测定值。

环境标准物质是按规定的准确度和精密度确定物理特性值或组分含量值，在相当长时间内具有高度的均匀性、稳定性和量值准确性，并在组成和性质上接近于环境样品的物质。

它在环境监测质量保证中具有非常重要的作用，主要用于确定物质特性量值、校准仪器、检验分析测定方法及监测质量考核等。

环境标准物质只是标准物质中的一类。标准物质的发展已进入在全世界范围内普遍推广使用的阶段。环境标准物质不仅成为环境检测中传递准确度的基准物质，而且也是实验室分析质量控制的物质基础。在世界范围内，已有近千种环境标准物质。其中，中国使用量较大的代表性标准物质有果树叶、小牛肝和标准气体；日本的胡椒树叶、底泥和人头发标准物质。

环境标准物质是环境监测中传递准确度的基准物质，也是控制实验室分析质量的物质基础。随着环境管理的加强和环境科学的发展，环境监测的范围越来越广，环境监测数据的可比性、一致性、可靠性显得更加重要。作为量值传递和质量保证基础的环境标准物质的制备和使用越来越受到重视，并逐渐规范化。

2. 环境标准物质的特性

（1）良好的基体代表性；

（2）高度的均匀性；

（3）良好的稳定性和长期保存性；

（4）含量准确。

3. 环境标准物质的应用

环境标准物质在环境监测中的应用：环境监测仪器的验收和校准环境标准物质在计量监督部门对强制性检定的仪器进行检定时经常用到，可使这些仪器溯源到国家标准；同时在日常的分析检测工作中也会经常用环境标准物质来校准仪器，控制测量的准确度和精密度。如果采用自配标准溶液，不但费时费力，而且容易引入误差，难以使分析结果具有可比性。

（1）评价监测分析方法的准确度和精密度，研究和验证标准方法，发展新的监测方法。

（2）校正和标定分析测试仪器，发展新的监测技术。

（3）提高协作实验结果的质量，在协作实验中用于评价实验室的管理效能和测试人员的技术水平，从而提高实验室提供可靠数据的能力。

（4）用作量值传递和追溯的标准。由于环境标准物质不仅有接近真值的保证值，而且具有追溯性。利用标准物质的准确性传递系统和追溯系统能够保证国家之间、行业之间及各实验室之间数据的可比性和一致性。

（5）把标准物质当作工作标准和监控标准使用：利用环境标准物质绘制校准曲线，与未知试样同时分析，确定未知试样中待测组分的含量。

（6）以一级标准物质作为真值，控制二级标准物质和质量控制样品的制备和定值，也可为新型标准物质的研制生产提供保证。

（7）用于环境监测数据的仲裁等。

4. 环境标准物质的制备和定值

理想的环境标准物质应是直接从环境中采集，对其中各组分含量、均匀性和稳定性进行测定。环境标准物质的制备一般为人工合成。

环境标准物质的制备方法如下：

（1）调查样品组成和浓度；

（2）制备模拟样品；

（3）均匀性和稳定性试验；

（4）确定保证值；

（5）报批。

5.环境标准物质选择的原则

环境监测质量保证中应根据分析方法和被测样品的具体情况选用适当的环境标准物质。选择标准物质应考虑以下原则：

（1）基体组成的选择：标准物质的基体组成与被测样品的组成越接近越好，这样可以消除二者基体差异引入的系统误差。

（2）对标准物质准确度水平的选择：标准物质的准确度应比被测样品预期达到的准确度高 3~10 倍。

（3）标准物质浓度水平的选择：分析方法的精密度是被测样品浓度的函数，所以要选择浓度水平适当的标准物质。

（4）取样量不得小于标准物质证书中规定的最小取样量。

二、我国环境标准物质

我国已批准一级标准物质 1 168 种（其中含基准物质 108 种）、二级标准物质 1 422 种，包括纯物质、固体、气体和水溶液的标准。

1.标准物质的分级

我国将标准物质等级划分为两级，即国家一级标准物质和二级标准物质（部颁标准物质）。

（1）一级标准物质：经中国计量测试学会标准物质专业委员会技术审查和国家计量局批准而颁布的，附有证书的标准物质。一级标准物质定值的不准确度为 0.3%~1.0%。

一级标准物质应符合如下条件：

①用绝对测量法或两种以上不同原理的准确可靠的方法定值。在只有一种定值方法的情况下，用多个实验室以同种准确可靠的方法定值。

②准确度具有国内最高水平，均匀性在准确度范围之内。

③稳定性在一年以上，或达到国际上同类标准物质的先进水平。

④包装形式符合标准物质技术规范的要求。

⑤应具有国家统一编号的标准物质证书。

⑥应保证其均匀度在定值的精密度范围内。

（2）二级标准物质：二级标准物质指各工业部门或科研单位研制出来的工作标准物质。经有关主管部门审批，报国家计量局备案。二级标准物质定值的不准确度为 1%~3%。

二级标准物质应符合如下条件：

①用与一级标准物质进行比较测量的方法或一级标准物质的定值方法定值；

②准确度和均匀性未达到一级标准物质的水平，但能满足一般测量的需要；

③稳定性在半年以上，或能满足实际测量的需要；

④包装形式符合标准物质技术规范的要求。

2. 标准物质的编号

一级标准物质的编号是以标准物质代号"GBW"冠于编号前部，编号的前两位数是标准物质的大类号。后三位数是标准物质的小类号，最后两位是顺序号。生产批号用英文小写字母表示，排于标准物质编号的最后一位。

二级标准物质的编号与一级类似，是以二级标准物质代号"GBW"冠于编号前部，编号的前两位数是标准物质的大类号，后四位数为顺序号，生产批号用英文小写字母表示，排于编号的最后一位。

3. 环境监测实验室使用的标准物质

目前环境监测实验室使用的标准物质按照其特性可以分为三类：第一类是物理特性标准物质；第二类是化学特性标准物质；第三类是微生物检测质量控制标准样品。

（1）用于测量装置（仪器）的标准物质。

环境实验室使用的物理特性标准物质主要有用于对噪声监测仪进行校准的标准声级校准器（标准声源）、用于天平校准核查用的标准砝码、用于辐射测定仪器校准的标准放射源等，这类标准物质的管理可以纳入仪器设备的管理范畴。

（2）化学特性标准物质。

化学特性标准物质按照标准物质的性状可以分为三类。

第一类为气态标准物质，又称标准气体。用于气体监测项目的量值溯源，如用于大气自动监测仪校准用的 SO_2 标准气体、NO 标准气体、CO 标准气体、非甲烷烃标准气体等；用于理化仪器监测的有机物标准气体；用于污染源仪器校准核查的 SO_2、NO 标准气体。

这些标准气体大部分为国家有证标准气体，为一级标准物质或二级标准物质。

第二类为液体标准物质，又分为标准溶液和标准样品。

标准溶液为已知准确浓度的溶液。在滴定分析中常用作滴定剂。在光谱分析法、色谱分析方法中用标准溶液绘制工作曲线。

标准溶液的配制方法有两种，一种是直接法，即准确称量基准物质，溶解后定容至一定体积；另一种是标定法，即先配制成近似需要的浓度，再用基准物质或用标准溶液进行标定。目前标准溶液的来源有两种，一种为购买的国家有证标准物质，直接使用或取一定体积稀释定容后使用；另一种为自配标准溶液。

标准样品包括水质监测标样、空气监测标样和有机物监测标样，其标准值和不确定度由多个具有资质的实验室采用一种或多种准确可靠的分析方法共同测定后确定，主要用于环境监测及分析测试中的质量保证和质量控制，也可用于仪器校准、方法验证和技术仲裁。

第三类为固体标准物质，通常使用的是固体标准样品，包括土壤标准样品、煤质标准样品、植物标准样品、生物标准样品和工业固体废弃物标准样品。用途与液体环境标准样品相同。

（3）微生物检测质量控制标样，用于培养基（营养琼脂）质量检定和微生物监测的质量保证和质量控制。

三、环境保护

（一）农村环境保护

一个地区的环境卫生状况，可以直接反映出这个地区的文明程度，加强环境卫生整治工作已经不仅是城市发展的需求，也是新农村两个文明建设的重点。农村经济的快速发展和农村小城镇建设的加快，以及百姓生活质量的提高，对农村的生活环境质量带来了挑战。加强农村环境卫生整治，不仅有利于农民的身心健康，有利于农村疾病的预防，有利于提高村民的生活质量，同时也有利于改善农村投资环境，是科学发展重要思想和生态文明建设的具体表现，对发展农村经济可持续发展有着重要意义。

环境与人类共存，发展与保护同步。当今社会既要经济数字，又要生态数字；

既要加快发展，又要和谐发展；既要小康生活，又要健康生活。

1. 我国农村环境卫生存在的主要问题

目前，我国农村环境卫生存在的主要问题包括以下几个方面：

（1）农村垃圾亟待管理。

农村垃圾包括村民生活所产生的废弃物、建筑工程垃圾、工厂垃圾、道路清扫的垃圾等，所含成分复杂、数量巨大。这些垃圾是农村的主要污染源，破坏了农村的生态环境，威胁着人们的身体健康。

长久以来，人们已经习惯于将垃圾随意丢弃于宅前屋后及"五边"：路边、河边、村边、田边、沟边。尤其是近几年农村集镇商品房建设形成的下水道问题。个别落后地区一堆又一堆散发着恶臭的垃圾长期堆积，严重污染着人们的生存环境，大片的生活垃圾暴露堆放，既严重污染了环境，又影响了农村的形象。

（2）农村河道污染日趋严重。

河水清清、天空蓝蓝，曾经是昔日农村田园风光的真实写照，然而农村河道的污染日趋严重导致农村风光不再，主要表现在以下几个方面：

①企业的污染排放。

城市的高标准环境建设要求和控制措施，把一些排污企业挤向了农村，造成了农村各种排污的严重超标，水污染和大气污染较严重。再加上集镇住宅区、禽畜饲养污水向河道排放问题十分突出，引起水质污染严重，水质恶化，导致农村各级河道水质令人担忧。

②百姓的陈旧陋习。

由于人们对水环境的观念淡薄，陈旧的陋习导致农村生活环境的脏、乱、差现象较为突出。由于农村住房都临河而建，尤其在城乡接合部、集镇地区，人口密度较高，河道就成了人们心目中天然的垃圾箱了。加上农村石油液化气逐渐普及，原本作为燃料的稻草、麦草等被大量扔入河中，导致河道淤塞、河水污染。

③河道疏通滞后。

随着土地承包责任制的实行，以及产业结构调整的不断深入，农村大量的有机肥料被化学肥料取代，原来河道淤泥还田、积肥等农作方式已一去不复返。河道内日益积累的淤泥得不到及时疏通，河道槽蓄容量不断减少，使水体产生"富营养化"，"水葫芦"大量肆虐生长、繁殖，严重影响了水中动物的繁殖、生长，原来河中的鱼、虾等已不断地减少，甚至销声匿迹，生态失去了平衡。

从以上各种污染源可以得知，我们农村周围的河道水质、水环境正遭受着巨大的污染源的威胁，水体自净能力显著下降，河道综合功能日益退化，并且被污染的情况日趋严重，如何保护好我们的水资源、水环境应成为当前工作的重点之一。

（3）缺少健全的保洁队伍和规范的垃圾处理场所。

加强农村环境卫生整治必须建立一支素质好、责任心强、能吃苦耐劳的保洁队伍。近几年的新农村建设，各乡镇在环境保护和管理工作方面投入了一定的人力、物力、财力。农村的环卫工作虽取得了一定的成效，但成效不大，持久性不强。虽说成立了一支队伍，但保洁员缺乏正规的培训，思想意识还不能真正放开，认为保洁工作是一项不够体面的工作，所以工作缺乏主动性。同时，由于农村住宅分散，面广量大，也给硬件设施建设和环境卫生的整治工作增加了难度。

2. 农村环境恶化带来的危害

（1）直接导致农村环境质量恶化，严重阻碍了农村精神文明建设。

由于人们随意地乱扔垃圾导致农村环境恶化，将直接影响到人们的身心健康及生活质量。随着物质生活的提高，人们对"吃、穿、住"的要求也越来越高。而环境问题则直接影响到人们的生存环境质量。成堆的垃圾堵塞的河道不仅有损美观，而且一到夏天，蚊蝇滋生、细菌繁殖，导致疾病的传播，直接危害着人们的身心健康。另外，长期闻着伴有臭气的空气，接触并使用受到污染的水，时间长了，也会诱发慢性病。而上述情况，与村里每年提出并实施的卫生村、文明村的创建工作相违背，阻碍了农村精神文明建设。

（2）不利于水资源的保护。

成堆的垃圾不仅堵塞了河道，一些物质在水中腐烂、变质、分解，再加上工厂排放的污水，禽畜养殖场排放的粪便及田中的剩余农药、化肥的渗入，各种有毒物质混合在一起。这种水源再灌溉农田，便污染了农作物，人们食用粮食，长年累月造成间接中毒，给人们的身体健康带来危害。更为严重的是，污水一旦进入水产养殖场，将会导致大量鱼虾死亡，造成严重的经济损失。

（3）环境问题制约了农村的经济发展。

物质文明建设与精神文明建设两者是相辅相成的，精神文明建设需要强劲的经济支柱做后盾，而环境整治工作同样需要资金投入。一个优美舒适的环境也有利于本地区经济的发展。随着许多投资人将目光投向农村这片广阔的天地，环境面貌已成为吸引投资者的第一要素，并直接影响到招商引资工作的顺利进展。由于农村环境受到污染，严重影响了农作物的产量和品质，同时也影响了各类相关产业的发展。

（4）不利于各种疫情的预防和控制。

农村医疗基础设施薄弱，卫生技术力量不足，疫病监测体系不够健全，农民普遍缺乏必要的卫生防疫知识，防范疫病的意识差。农村存在着"禽流感""腮腺炎""流行性感冒"等疾病传播的渠道和隐患。特别是一些经济比较落后的农村，环境卫生脏乱差的状况还没有得到有效的解决。

（5）不利于社会经济的可持续发展。

如果今天我们不注意环境问题，不久的将来，我们的子孙后代将会生活在被污染的环境里，生存将受到严重威胁，这是环境问题带给人们最为严重的后果。

3. 农村生态环境的建设

农村生态环境的保护与治理不仅直接影响着农村经济和社会的全面可持续发展，关乎整个国民生活安全与生产发展，也直接影响着当代人民的生活环境和子孙后代的健康。因此，农村生态环境的保护与治理工作将必然成为整个国家生态环境防治事业的重要任务之一。农村生态环境建设是关系中华民族生存和长远发展的根本大计。我国生态环境建设的重点在农村。广大农村是淡水、耕地、林地、草原、生物等资源的最大腹地，是承载人口的主要场所，是实现可持续发展的主要环境依托。新农村建设的提出，标志着国家适时地把节约资源、保护生态和治理环境的主战场放在农村。

加强我国农村生态环境建设的政策措施主要有以下几个方面：

（1）制定相应的原则方针和政策措施。

政府应该给予生态环境保护以特别的关注，在对农民的生产生活环境的改善与农村生态环境问题的保护和治理的问题上给予高度重视，并就农村的生态环境问题提出一些具体的目标与原则。

（2）明确农村生态环境整治重点和任务。

①农村生活垃圾整治。

实行农村生活垃圾"户集、村收、镇运输、县处理"的模式，充分利用市场经济的优越性，采用集中化处理和无害化处理，降低处理成本，实现可持续发展，建立市场运作的农村垃圾处理运行机制。

②农村水污染整治。

为了加强对农村水污染的治理，需要做好农村污水处理的规划，依照轻重缓急的原则，分步严格落实。加大对饮用水的保护，特别是对饮用水水源的保护、在科学规划水源区的同时，对水源保护区的排污口予以坚决取缔或管控，从而预防和处理水污染事故等。

③农业资源污染整治。

开展土壤污染状况调查和污染超标耕地综合治理。全面推广使用可降解农膜，实施测土配方施肥，逐年削减化肥施用量，解决畜禽养殖污染。全面禁用高毒高残留农药，搞好农作物稻秆综合利用，大力发展农村生态能源建设。

④空气污染整治。

加强对废气的强制处理，尤其是对中小型企业的废气排放。鼓励农村的中小企业集中发展，严格管控废气排放确保达标，并对没有遵循相关条例危害农村生活环境的中小企业实行"关、停、并、转"。禁止焚烧会产生有毒气体的生活垃圾，保证农村空气质量。

⑤农村建筑和道路垃圾整治。

农村垃圾随意堆放情况严重。从生活垃圾到建筑垃圾，没有形成明确的规范管理或者属地管理的标准。垃圾乱象影响着村容村貌，在一定程度上给农村道路安全埋下了隐患，因此需要从制度上、机制上、监管上想办法。

（3）加强农村生态环境整治的机制创新。

迫切需要把加强农村生态环境建设，作为贯彻落实科学发展观、推进新农村建设的一个十分重要而又紧迫的课题提升到一个新的高度上来抓。统筹城乡环境保护，重视农村环境保护基本制度及基础体系建设，在环境保护上消除城乡差距、保障基本的环境公平成为建设和谐社会的重要内容。为此，要将农村生态环境保护放在和城市环保同等重要的地位，纳入全国环保和生态建设的总体规划，并作为实施的重点，制定和完善相关法律法规和政策。必须抓紧制定全国农业生态环境保护条例，完善无公害农产品及农药、化肥使用规程等相关标准、规定。以规范农药、化肥的使用，推广符合生态要求的施肥和施药技术。政府要建立健全农业环境管理体系，充实农村环保机构的力量，加大环保基础设施投入，将安排排污费等专项资金的一定比例用于农村环境保护。加大对乡镇企业污染治理的力度，逐步建立政府、企业、社会多元化投入机制。以农业循环经济理念发展生态农业，达到农村生态环境与农业经济和谐。农业循环经济是以循环经济的理念指导农业相关产业发展，以减量化、无害化、资源化为原则，以科学技术为支撑，实现经济、生态、社会效益有机统一的良性循环。应用农业循环经济理念做到产业间协调发展和产业内部的高效、清洁生产，延长农业及相关产业的产业链，建立合理的生产结构，实现农业资源的循环利用。

4. 几种农业污染的危害与防治

（1）塑料薄膜对土壤的危害及防治措施。

①塑料薄膜对土壤的危害。

塑料薄膜大多是烯烃类的高分子聚合物，其中烷基链含碳数在不同的各类酞酸中约占 2/3。据研究，高浓度二正丁酯对土壤脲酶有一定的激活效果，但对蔗糖酶有较强的抑制效果。胡萝卜块根、白菜茎叶、大豆及水稻籽实中均可自土壤中富集 DNBP。人食用 PAES 超标的食物后，PAES 转化为酞酸酯后易引起肝大，以及致畸、致突变倾向。

②防治措施。

a. 从价格和经营体制上优化和改善对废塑料制品的回收和管理，并建立生产粒状再生塑料的加工厂，以利于废塑料的循环利用。

b. 研制可控光解和热分解等农膜新产品，以代替现用高压农膜，减轻农田残留负担。

c. 尽量使用分子小、生物毒性低、相对易降解的塑料增塑膜，并加强其生化降解性能和农业环境影响的研究。

（2）化肥对土壤的危害及防治措施。

①化肥施用对环境带来的危害。

化肥对土壤的污染具有隐蔽性的特点，土壤质量的下降是一个累积的过程，故而化肥对土壤的污染没有受到足够的重视。

a. 制造化肥的原料中，含有多种重金属元素，这些重金属在施肥的过程进入土壤，并且重金属元素不能通过微生物降解，会随着植物的吸收进入生物链，通过食物链不断在生物体内富集，重金属元素进入生物体后，难以消除，危害人类身体健康。

b. 过量施用化肥还会导致土壤酸化，过磷酸钙、硫酸铵、氯化铵等都属于生物酸性肥料，即植物吸收肥料中的养分离子后，土壤中氢离子增多，易造成土壤酸化。土壤酸化后可加速土壤中原生矿物和次生矿物风化释放出大量铝离子，形成植物可以吸收的铝化合物，植物长期吸收过量的铝，会中毒甚至死亡。

c.化肥还会降低土壤微生物活性，减少蚯蚓等有益生物，我国个别地区化肥施用结构不合理，氮肥的施用量高而磷肥、钾肥和有机肥的施用量低，这会减少土壤中的微生物和有益生物。

d.过量施用化肥，可使土壤中的一些离子数量发生改变致使土壤结构被破坏，导致土壤板结，进一步影响土壤微生物的生存，化肥无法补偿有机质的缺乏，造成有机质含量下降。

e.化肥污染对水体的危害。未被植物吸收利用的氮素随水下渗或流失，造成水体污染。从全国来看，化肥氮平均损失率约为 45%。有资料显示，南方有 90% 以上的地面水、耕地和 100% 的地下水受到了不同程度的污染。氮肥一旦进入地表水，会使地表水中的营养物质增多，造成水体富营养化，水生植物及藻类大量繁殖，消耗大量的氧，致使水体中溶解氧下降，水质恶化，生物的生存受到影响，严重的话还会造成鱼类死亡，破坏水环境，进而影响人类的生产和生活。化肥施用于农田后，会发生解离，形成阳离子和阴离子，一般的阴离子是硝酸盐、亚硝酸盐和磷酸盐，这些阴离子随淋失进入地下水，导致地下水中硝酸盐、亚硝酸盐及磷酸盐含量增高。硝氮、亚硝氮的含量是反映地下水水质的一个重要指标，其含量过高则会对人畜直接造成危害，使人类发生病变，严重影响身体健康。

f.化肥容易发生分解挥发，再加上不合理的施用化肥会对大气造成污染。氮肥在施用于农田的时候，会发生氨的气态损失；施用后直接从土壤表面挥发成氨气和氮氧化物进入大气中，大气中氨质量浓度的本底值为 2 μg/m³，这是动植物能正常代谢吸收和释放的浓度。大气中氨的浓度过量，会危害人和动植物的健康。氮氧化物在近地面通过阳光的作用会与氧气发生反应，形成臭氧，产生光化学烟雾，并刺激人畜的呼吸器官。氧化亚氮进入臭氧层后，与臭氧发生反应，会消耗掉臭氧，使臭氧层遭到破坏，不能阻挡紫外线穿透大气，强烈的紫外线对生物有极大的危害，比如增加皮肤癌的患者。

②防治措施和对策。

a.加大化肥污染的宣传力度，提倡使用农家有机肥。目前，大多数农民还没有意识到化肥对环境和人体健康造成的潜在危险。故而，要加大化肥污染的宣传力度，完善农村环保科普机制，提高群众的环保意识，使人们充分认识到化肥污染的严重性。提倡使用农家肥、有机肥，以农作物的秸秆、动物的粪便及各种植物为原料，利用沼气池产生沼液制作高质量的农家有机肥，施用有机肥能够增加土壤有机质、土壤微生物，改善土壤结构，提高土壤的吸收容量及自净能力，增加土壤胶体对重金属等有毒物质的吸附能力。

b.改进施肥方式，正确施肥。正确施肥首先要使化肥的施用量合理，化肥的挥发、随径流的损失、渗漏淋失在一定程度上都与施肥量正相关，所以减少化肥流失的关键是源头控制，即减少化肥用量。要综合考虑作物种类、目标产量、土壤养分状况、其他养分输入情况、环境敏感程度，确定施肥量，以保证作物高产，收获后土壤基本无残留。

深层施氮，肥效长而稳，后劲足，既可减少直接挥发损失随水淋失及反硝化脱氮，还可减少杂草、稻田藻类对氮肥的消耗，而且有利于农作物根系发育。

c.施用硝化抑制剂。硝化抑制剂又称氮肥增效剂，能够抑制土壤中铵态氮转化成亚硝态氮和硝态氮，提高化肥的肥效和减少土壤污染。由于硝化细菌的活性受到抑制，铵态氮的硝化变缓，使氮素较长时间以铵的形式存在，减少了对土壤的污染。

d.加强土壤肥料的监测管理。注重管理，严格化肥中污染物质的监测检查，防止化肥带入土壤过量的有害物质。制定有关有害物质的允许量标准，用法律法规来防治化肥污染。

e.选择适宜的耕作措施和灌溉方式。在坡度大的地区，容易发生侵蚀和径流，应采取保护耕地措施，减少土壤侵蚀和化肥随径流的流失；在平原地区，渗漏是化肥的主要流失方式，要控制排水保持土壤湿度——喷灌、滴灌、雾灌技术是节水保肥的重要途径。在旱作上提倡采用滴灌、喷灌，尽量减少大水漫灌，减少径流和渗漏。

（3）农药对土壤的危害和防治措施。

农药对土壤的污染是指人类向土壤环境中投入或排入超过其自净能力的农药，导致土壤环境质量降低，影响土壤生产力和危害环境生物安全的现象。

我国土壤农药污染具体表现为以下几种：

①影响生物存活。

土壤农药污染既可直接毒害动植物，也可通过生物富集，或食物链传递间接危害生物。土壤农药污染对微生物活性影响的表现为抑制细菌、放线菌和固氮菌群的生长，刺激真菌代谢使土壤呼吸等作用增强（如甲胺磷），对土壤微生物的影响则随着浓度、强度和时间而异。

②影响生态系统。

土壤农药污染对生态系统的影响表现为生物种群退化、生物多样性丧失、群落逆向演替、生态平衡破坏。研究证实，轻度、中度至重度农药污染的土壤生物多样性经历了由高至低的变化（甲磺隆处理的土壤其微生物多样性低于对照组）。而农药在杀死害虫的同时也杀死了一些捕食性、寄生性的天敌，使害虫逃脱天敌控制，系统调节能力下降，失去平衡。

③影响环境。

土壤是一个开放系统，与周围环境因子形成密切的联系，土壤受到农药污染必然会引起环境连锁变化。土壤农药污染会因降雨形成的径（渗）流而污染水体，导致水生生物罹难，或以挥（蒸）发形式弥漫于大气中，使陆生生物受害。

④影响人体健康。

农药对人体健康的危害较大，会干扰信息传递，破坏体内酶系和免疫系统，阻碍器官正常功能的发挥，可对生殖系统产生不良影响，导致胎儿畸形。

农药对土壤污染的防治有以下几种方法：

①综合防治病虫害，降低农药用量。

a.培育抗病虫品种。培育和利用作物抗性品种是有害生物综合防治中最有效、最经济的方法。

b.利用陪植植物。利用陪植植物防治作物害虫是一种生态防治方法。"陪植植物治虫"是指将能够毒杀、驱除、引诱害虫或诱集、繁殖天敌的植物种在作物的四周、行间，以预防作物被害虫侵害。

c.栽培耕作措施。间混套作是一项非常有效的防病虫技术，即把形态特征不同和对生活因素的需求不同、生育期不同、根系分泌物不同的作物合理地搭配种植，不仅立体地利用了空间养分、水分，还提高了农田生态系统生物多样性，增强了抵抗性。轮作是根据不同作物所需营养元素不同、根系入土深度不同进行的轮换种植。

②合理使用农药，控制污染源。

在农药使用中能对症下药，找准关键时期、合理的施药方法、合适的施药浓度和施药量，只有这样才能达到既防治病虫害又减轻对环境大的污染。

③充分调动土壤本身的降解能力。

通过各种农业措施，调节土壤结构、黏粒含量、有机质含量、土壤酸碱度、离子交换量、微生物种类数量等增强土壤对农药的降解能力，将有利于土壤农药污染的防治。

④采用生物修复技术对土壤污染进行防治。

a. 微生物修复。微生物修复是污染土壤中人工接种能降解农药的微生物，利用微生物将残存于土壤中的农药降解或去除，使其转化为无害物质或降解成 CO_2 和水的方法。

b. 植物修复。近几年植物修复技术逐渐成为生物修复中的一个研究热点，植物修复适用于大面积、低浓度污染，不但可去除环境中的重金属与放射性元素，还可去除环境中的农药。

c. 菌根修复。菌根是土壤真菌菌丝与植物根系形成的共生体。据报道，VA菌根外生菌丝重量占根重的 1%~5%，这些外生菌丝增加了根与土壤的接触，一方面能增强植物的吸收能力，改善植物的生长，提高植株的抗逆能力和耐受能力；另一方面菌根化植物能为真菌提供养分，维持真菌代谢活性。此外，菌根有着独特的酶途径，用以降解不能被细菌单独转化的有机物。所以菌根化植物可作为很好的生物修复载体。

（二）城市环境保护的思考

1. 城市规划中的环境问题

城市是人类社会政治、经济、文化、科技、教育等活动的中心，随着经济活动和人口的高度密集，它面临着巨大的资源与环境压力。中国城市经济一直保持着高速增长态势，并且延续的是一种粗放型增长模式，这带来了污染物的高排放，使得城市赖以存在的自然生态环境面临越来越严重的威胁。城市人口的激增、人民生活水平的提高和消费的升级，都给原本紧缺的城市资源、环境供给等带来更大的压力。饮用水水源水质超标、垃圾围城、机动车污染、扬尘污染、油污染、废热废气污染等一系列问题随之出现，直接影响着城市居民的生活环境。城市环境基础设施建设难以支撑其可持续发展，特别是生活污水集中处理、生活垃圾无害化处理和危险废物处置等建设能力尤显不足。下面主要从环境要素和污染物的形态角度，介绍城市环境污染的有关问题。

（1）大气污染。

城市中的空气污染源主要来自以下方面：①工厂排放的大量粉尘和CO_2、SO_2等废气；②汽车尾气；③加油站，汽油泄漏后蒸发形成的碳氢化合物是很强的致癌物质；④家庭中能源的消耗；⑤各种喷雾剂，如各种空气清新剂、杀虫剂，这些化学制品增加了空气中原来没有的成分，造成污染。

高速的城市化进程，工业、交通运输业的高速发展，甚至石化燃料的大量使用，这些高速发展的代价就是让空气中多了很多污染物。大气的污染物包括大量的废气、粉尘、硫氧化物、氮氧化物、碳氧化物、臭氧等。这些物质一旦被排入大气中，就会让空气的质量严重恶化。严重的会让整个城市都被烟雾包围起来，让城市的居民被迫呼吸着受到污染的空气。大气中的硫化物、氮氧化物在下雨的时候，随着雨水降临到地面，腐蚀到城市的生态环境，加剧建筑物、铁路、桥梁的腐蚀与破损，造成更大的经济损失。

（2）废水污染。

城市水污染主要有以下几个方面：①工厂工业废水排放；②生活用水。家庭排放量正在逐步增加，据统计，50%的污水量是从家庭排放的。③农业上大量使用的化肥、农药，经过雨水的冲刷排到河流中污染地表水。

据环境部门监测，全国城镇每天至少有1亿t污水未经处理直接排入水体。全国七大水系中一半以上河段水质受到污染，全国1/3的水体不适于鱼类生存，1/4的水体不适于灌溉，90%的城市水域污染严重，50%的城镇水源不符合饮用水标准，40%的水源已不能饮用，南方城市总缺水量的60%~70%是由于水源污染造成的。现有的数据已经很明显地警告我们，如果我们再不关注水污染的发生，那么能够使用的水资源就会越来越少，我国现在许多城市已经出现了供水危机。

（3）固体废物污染。

固体废物按来源大致可以分为生活垃圾、一般工业固体废物和危险废物三种。此外，还有农业固体废物、建筑废料及弃土。固体废物如不加妥善收集、利用和处理处置将会污染大气、水体和土壤，危害人体健康。

固体废物具有两重性，也就是说，在一定时间、地点，某些物品对用户不再有用或暂不需要而被丢弃，成为废物；但对另一些用户或者在某种特定条件下，废物可能成为有用的甚至是必要的原料。固体废物污染防治正是利用这一特点，力求使固体废物减量化、资源化、无害化。对那些不可避免地产生和无法利用的固体废物需要进行处理处置。在生活废物中有毒有害物质非常多，主要有废电池（含有汞、镉、铅等有毒物质）、油漆、过期药物。废物中有毒有害物质一旦渗入土壤就污染了土地，农民种的蔬菜、粮食中也就可能含有有毒有害物质，通过食物链最终会危及人体健康。

（4）噪声污染。

噪声有高强度和低强度之分。低强度的噪声在一般情况下对人的身心健康影响不大。高强度的噪声主要来自工业机器（如织布机、车床、空气压缩机、风镐、鼓风机等）、现代交通工具（如汽车、火车、摩托车、拖拉机、飞机等）、高音喇叭、建筑工地及商场、体育和文娱场所的喧闹声等。这些高强度的噪声危害着人们的机体，使人感到疲劳，产生消极情绪，甚至引起疾病。高强度的噪声，不仅损害人的听觉，而且对神经系统、心血管系统、内分泌系统、消化系统及视觉、智力等都有不同程度的影响。噪声的恶性刺激，严重影响着我们的睡眠质量，并会导致头晕、头痛、失眠、多梦、记忆力减退、注意力不集中等神经衰弱症状和恶心、欲吐、胃痛、腹胀、食欲呆滞等消化道症状。随着城市建设的不断加快，噪声污染已经成为城市污染。机动车辆数目的迅速增加，使得交通噪声成为城市的主要噪声来源。

2.城市规划中的建设问题

近年来，由于我国的各种城市建设不断增加，城市在不断地升级和更新，在城市变得越来越现代化的同时，城市污染业在以相同或更快的速度扩展。过度的扩张已经引起了城市众多居住环境的不良反应，威胁到城市的发展与城市发展规划的实现。因此，解决城市中的环境问题已经成为城市规划中不可缺少的问题之一。我国主要负责各个县市城市规划的规划局在城市建设上，由于管理环节和信息共享等原因，导致城市规划局大都是从整个城市的整体规划上考虑，但是对城市建设带来的各种环境污染：水污染的不断产生、空气污染的增强、噪声污染的增加等考虑不甚周全，对于造成环境污染的各种问题都没有充分考虑。很多环境问题在出现了恶化情况后，才考虑在规划阶段进行解决或规避。但是这种环境已经恶化，需要比在建设初期就注意环境问题花费更多的成本与社会资源。因此，如何在城市规划初期就解决城市中的环境问题，成了城市环境保护的重点。

3.我国城市规划中环境保护整治措施

城市基础设施是城市赖以生存和发展的基础。一个现代化的城市没有现代化的城市基础设施，一日都无法运营。城市环境基础设施是指与环境保护密切相关的基础设施，是城市保护环境的重要手段，如城市供气系统、集中供热、集中城市污水处理厂及污水截留管网，垃圾收集、运输及无害化处理设施、绿化等。

在城市高速发展的同时，作为城市的居民不能因为需要享受当前的高科技带给我们的各种生活，而忘却了给子孙后代留下幸福的绿色天地。我国非常重视城市规划的环境与发展的问题。全国各大城市规划都将城市中污染严重的工业污染源，搬出城市的中心，集中分配到城市的郊区，并在郊区建设污水、污气、废品废料处理厂等，并严格控制有污染的厂房排出的各种污染物。

目前，城市建设已经将城市的环境保护作为一项重要的规划之一，在新建的道路、住房、交通通信等基础设施中，城市规划都会预见性地建设和建立各种环境保护设施，防止各种污染的再次发生。

（1）大气污染综合整治规划。

大气污染的治理应根据城市的能源结构与交通状况确定首要污染物，即浓度高、范围广、危害大的污染物，便于治理时有的放矢、对症下药。大气污染中城市规划的治理方法主要有以下几种：

①工业合理布局。

工业合理布局是解决大气污染的重要措施。工厂不宜过分集中，以减少一个地区内污染物的排放量。另外，还应把有原料供应关系的化工厂放在一起，通过对废气的综合利用，有效减少废气排放量。

②减少交通废气的污染。

减少汽车废气污染，关键在于改进发动机的燃烧设计和提高汽油的燃烧质量，使汽油得到充分的燃烧，从而减少有害废气的排放；同时深化推进新能源战略，从根本上解决交通的废气排放问题。

③绿化造林。

茂密的林丛能降低风速，使空气中携带的大粒灰尘下降。树叶表面粗糙不平，有的有绒毛，有的能分泌黏液和油脂，因此能吸附大量飘尘。蒙尘的叶子经雨水冲洗后，能继续吸附飘尘。如此往复拦阻和吸附尘埃，使空气得到净化。

（2）水污染综合整治规划。

污水处理主要分为生活污水的治理和工业污水治理。生活污水主要的污染物是有机物。工业污水主要的污染物则比较复杂，分为很多种，不同的工业污染物会造成不同程度的水污染。根据各个城市水污染的严重程度，在城市规划中应"全面规划、突出重点，因地制宜、讲求实效"。对城市的水环境进行功能分区是进行水污染综合防治的依据。根据城市的水环境的现行功能和经济、社会发展的需要，依据地面水环境质量标准进行水环境功能区划，是水源保护和水污染控制的基础。按功能区控制污染，保护水资源。首先，按照水域功能划定保护级别，提出控制水污染的要求。其次，以合理开发利用水资源为核心，着力于全过程控制。通过转变经济增长方式，推行清洁生产，把污染消除在经济再生产过程中。同时，实行排污许可证制度，对主要污染源逐步由浓度控制向总量控制过渡。

（3）固体废物综合整治规划。

强化"减量化、资源化、无害化"的目标。整合现有固体废物处理设施与行政管理资源，理顺固体废物污染防治的管理机制；加强镇、区、市三级固体废物环境监督管理体系；推进固体废物的分类收集和分类处置；推进固体废物利用和处置的市场化运作。通过清洁型生产、节约型消费、生活垃圾分类收集等方法进行固体废物源头控制，实现减量化目标。通过推进生活垃圾资源化利用，发展工业固体废物再生产业，拓展污泥资源化利用渠道，开展建筑垃圾多元化利用等措施促进固体废物循环利用，实现资源化目标。通过处理设施整合和统筹，科学实施生活垃圾卫生填埋、危险废物安全处置、医疗废物安全处置、城市粪便无害化处理等，实现安全处置无害化目标。

（4）噪声污染综合整治规划。

《中华人民共和国环境噪声污染防治法》规定："各级人民政府及其有关部门在制定、修改国土空间规划和相关规划，应当依法进行环境影响评价，充分考虑城乡区域开发、改造和建设项目产生的噪声对周围生活环境的影响，统筹规划，合理安排土地用途和建设布局，防止、减轻噪声污染。"噪声控制在技术上虽然现在已经成熟，但由于现代工业、交通运输业规模很大，要采取噪声控制的企业和场所很多，因此在防止噪声问题上，必须从整体布局、技术、经济和效果等方面进行综合权衡，从减少交通噪声的角度，进行城市布局和道路建设规划。确保城市功能区划及规划布局合理，分隔界限明显，交通道路网布局合理，合理规定建筑物与交通干线的防噪声距离，工业区应远离居住区，有噪声干扰的工业区必须用防护地带与居住区分开，布置时还应考虑主导风向。充分利用城市绿地降噪的功能，城市绿化不仅美化环境和净化空气，同时还降低了人们对噪声的主观烦恼度。

第六节　实验室认可和计量认证／审查认可概述

一、实验室国家认可制度

实验室认可全称是 ISO/1EC17025：2017《检测和校准实验室能力的通用要求》。中国实验室国家认可委员会（CNAS）是我国唯一的实验室认可机构，承担着全国所有实验室的 ISO17025 标准认可。所有的校准和检测实验室均可采用和实施 ISO17025 标准，按照国际惯例，凡是通过 ISO17025 标准的实验室提供的数据均具备法律效应，得到国际认可。目前国内已有千余家实验室通过了 ISO17025 标准认证，标准的贯彻提高了实验数据和结果的精确性，扩大了实验室的知名度，从而大大提高了经济和社会效益。中国实验室国家认可委员会的宗旨是：推进实验室和检查机构按照国际规范要求，不断提高技术和管理水平；促进实验室和检查机构以公正的行为、科学的手段、准确的结果，更好地为社会各界提供服务；统一对实验室和检查机构的评价工作，促进国际贸易。

ISO17025 标准主要包括定义、组织和管理、质量体系，审核和评审、人员、设施和环境、设备和标准物质、量值溯源和校准、校准和检测方法、样品管理、记录、证书和报告、校准或检测的分包、外部协助和供给、投诉等内容。该标准中核心内容为设备和标准物质、量值溯源和校准、校准和检测方法、样品管理，这些内容重点是评价实验室校准或检测能力是否达到预期要求。

二、实验室认可流程

（一）实验室认可初次认可

1. 意向申请

申请人可以通过任何方式向 CNAS 秘书处表示认可意向，如来访、电话、传真及其他电子通信方式。CNAS 秘书处应向申请人提供最新版本的认可规则和其他有关文件。

2. 实验室认可正式申请

（1）申请人应按 CNAS 秘书处的要求提供申请资料，并缴纳申请费用。

（2）CNAS 秘书处审查申请人正式提交的申请资料，若申请人提交的资料齐全、清楚、正确，对 CNAS 的相关要求基本了解，质量管理体系正式运行超过 6 个月，且进行了完整的内审和管理评审，申请人的质量管理体系和技术活动运作处于稳定运行状态，聘用的工作人员符合有关法律法规的要求，则可予以正式受理，并在 3 个月内安排现场评审（申请人造成延误的除外）。

（3）在资料审查、走访过程中，CNAS 秘书处应将所发现的与认可条件不符之处通知申请人，且不做咨询。

（4）当申请人申请进行检测、校准或其他能力的认可时，必须提供参加了至少一项适宜的能力验证计划、比对计划或测量审核的证明。只有在申请人证明参加了能力验证活动且表现满意，CNAS 才予以受理。

3. 实验室认可评审准备

（1）CNAS 秘书处以公正性和非歧视性的原则指定评审组，并征得申请人同意，如申请人基于公正性理由对评审组的任何成员表示拒绝时，秘书处经核实后应给予调整。

（2）评审组审查申请人提交的质量管理体系文件和相关资料，当发现文件不符合要求时，秘书处或评审组应以书面方式通知申请人采取纠正措施。秘书处根据评审组长的提议，认为需要时，可与申请人协商进行预评审。预评审只对资料审查中发现的需要澄清的问题进行核实或做进一步了解，不做咨询，但需向秘书处提交书面预评审报告。在申请人采取有效纠正措施解决发现的主要问题后，评审组长方可进行现场评审。

（3）文件审查通过后，评审组长与申请人商定现场评审的具体时间安排和评审计划，报 CNAS 秘书处批准后实施。

（4）需要时 CNAS 可在评审组中委派观察员。

4. 实验室认可现场评审

（1）评审组依据 CNAS 的认可准则、规则和要求及有关技术标准对申请人申请范围内的技术能力和质量管理活动进行现场评审。现场评审时，要评审申请机构申请范围覆盖的开展一项或多项关键活动的所有其他场所。

（2）在对申请人的检测、校准、检查或其他能力进行现场评审时，应参考、利用申请人参与能力验证活动的情况及结果，必要时安排测量审核。CNAS将把申请人在能力验证中的表现作为是否给予认可的重要依据。

（3）评审组还要对申请人的授权签字人进行考核。CNAS要求授权签字人必须具备以下资格条件：

①有必要的专业知识和相应的工作经历，熟悉授权签字范围内有关检测、校准和检测、校准方法及检测、校准程序，能对检测、校准结果做出正确的评价，了解检测结果的不确定度。

②熟悉认可规则和政策、认可条件，特别是获准认可机构义务，以及带认可标志检测、校准报告或证书的使用规定。

③在对检测、校准结果的正确性负责的岗位上任职，并有相应的管理职权。

（4）评审组现场评审时，如发现被评审方在相关活动中存在违反国家有关法律法规或其他明显有损CNAS声誉和权益的情况，应及时报告CNAS。

（5）现场评审结论分符合、基本符合（必须对不符合的纠正措施进行跟踪）、不符合三种，由评审组在现场评审结束时给出。

（6）评审组长应在现场评审末次会议上，将现场评审报告复印件提交给被评审方。

（7）被评审方在明确整改要求后应拟订纠正措施计划，并在三个月内完成，对监督、复评审的，在一或两个月内完成，提交给评审组。评审组应对纠正措施的有效性进行验证。

（8）待纠正措施验证后，评审组长将整改验收意见连同现场评审资料报CNAS秘书处。

5.实验室认可评定

（1）CNAS秘书处负责将评审资料及所有其他相关信息（如能力验证、投诉、争议等）提交给评定委员会，评定委员会对申请人与认可要求的符合性进行评价并做出决定。评定结果可以是以下四种类型之一：

①同意认可；

②部分认可；

③不予认可；

④补充证据或信息，再行评定。

（2）经评定后，由秘书处办理相关手续。

6.批准发证

（1）CNAS 向获准认可机构颁发有 CNAS 授权人签章的认可证书，以及认可决定通知书和认可标识章，阐明批准的认可范围和授权签字人。认可证书有效期为 5 年。

（2）CNAS 秘书处负责将获得认可的机构及其被认可范围列入获准认可机构名录，予以公布。

（二）实验室认可扩大、缩小认可范围

1.扩大认可范围

①获准认可机构在认可有效期内可以向 CNAS 提出扩大认可范围的申请。

CNAS 根据情况在监督评审、复评审时对申请扩大的认可范围进行评审，也可根据获准认可机构需要单独安排扩大认可范围的评审。扩大认可范围的认可程序与初次认可相似，必须经过申请、评审、评定和批准。对于原认可范围中的相关能力的简单扩充，不涉及新的技术和方法，可以进行资料审查后直接批准。

②批准扩大认可范围的条件与初次认可相同，获准认可机构在申请扩大认可的范围内必须具备符合认可准则所规定的技术能力和质量管理要求。

③在适宜条件下，CNAS 可要求提出申请扩大认可范围的有关获准认可机构参加能力验证计划，以验证其申请扩大认可范围内的技术能力。

2.实验室认可缩小认可范围

（1）在下列情况下，会导致缩小认可范围：

①获准认可机构自愿申请缩小其原认可范围；

②业务范围变动使获准认可机构失去原认可范围内的部分能力；

③监督评审、复评审或能力验证的结果表明获准认可机构某些检测、校准项目的技术能力或质量管理不再满足认可要求，且在 CNAS 规定的时间内不能恢复。

（2）缩小认可范围的建议由 CNAS 秘书处提出，经评定委员会评定或秘书长经 CNAS 主任授权做出认可决定。秘书处办理相应手续。

（三）实验室认可监督评审

监督评审的目的是证实获准认可机构在认可有效期内持续地符合认可要求，并保证在认可规则和认可准则修订后，及时将有关要求纳入质量体系。所有获准认可机构均需接受 CNAS 的监督评审。监督评审包括现场监督评审和其他监督

活动类型：

①就与认可有关的事宜询问获准认可机构；

②审查获准认可机构就认可覆盖的范围所做的声明；

③要求获准认可机构提供文件和记录（如审核报告、用于验证获准认可机构服务有效性的内部质量控制结果、投诉记录、管理评审记录）；

④监视获准认可机构的表现（如参加能力验证的结果）。

1. 实验室认可定期监督评审

（1）准认可机构应在认可批准后的 12 个月内，接受 CNAS 安排的第一次定期监督评审，以后每隔 18 个月、12 个月应接受第二、第三次定期监督评审。每次定期监督评审的范围可以是认可领域的一部分，以及认可要求的部分内容。在认可有效期内的定期监督评审应覆盖获准认可机构被认可的全部领域和 CNAS 的全部认可要求。对多地点的已认可机构，每次监督覆盖所有地点。

（2）定期监督评审不需要获准认可机构申请，有关评审要求和现场评审程序与初次认可相同。监督中发现不符合时，被评审方在明确整改要求后应拟订纠正措施计划，提交给评审组，整改期限一般为两个月，对影响检测结果的不符合处，纠正要在一个月内完成。评审组长应对纠正措施的有效性进行验证。

（3）在实施定期监督评审时，应考虑前一次监督的结果、参加能力验证的情况，尤其是能力验证结果不满意时的纠正措施实施情况等。

（4）获准认可机构的扩项评审应尽可能与定期监督评审结合进行。

（5）获准认可的能力验证提供者，在获得认可后，每两年必须至少开展一项能力验证计划。

2. 实验室认可不定期监督评审

CNAS 的认可要求变化或 CNAS 认为有必要时，或需对投诉进行调查，或有迹象表明获准认可机构可能不再继续满足认可要求时，CNAS 秘书处可随时安排不定期监督评审或不定期的访问。不定期监督评审的程序与定期监督评审相同。

（四）实验室认可复评审

（1）获准认可机构应在认可有效期（5 年）到期前 6 个月向 CNAS 提出复评审申请。CNAS 在认可有效期到期前应根据获准认可机构的申请组织复评审，以决定是否延续认可至下一个有效期。

（2）复评审的其他要求和程序与初次认可一致，是针对全部认可范围和全部认可要求的评审。评审组长应对纠正措施的有效性进行验证。复评中发现不符合时，被评审方在明确整改要求后应拟订纠正措施计划，提交给评审组，整改期限一般为两个月，对影响检测结果的不符合处，纠正要在一个月内完成。评审组长应对纠正措施的有效性进行验证。

（五）实验室认可的变更

1. 获准认可机构的变更处理

（1）变更通知获准认可机构在发生下述任何变化时，应在变更后一个月内以书面形式通知 CNAS：

①获准认可机构的名称、地址、法律地位发生变化；

②获准认可机构的高级管理和技术人员、授权签字人发生变更；

③认可范围内的重要试验设备、环境、检测、校准工作范围及检测项目发生重大改变；

④其他可能影响其活动和体系运行的变更。

（2）实验室认可变更的处理。

CNAS 在得到变更通知并核实情况后，视变更性质可以采取以下措施：

①进行监督评审或提前进行复评审；

②扩大、缩小、暂停或撤销认可；

③对新申请的授权签字人、候选人进行考核；

④对变更情况进行登记备案。

2. 实验室认可规则、认可准则的变更

（1）当实验室认可规则、认可准则发生变更时，CNAS 通过 CNAS 网站、发电子邮件、发函等形式及时通知可能受到影响的获准认可机构和有关申请人。

（2）当认可条件和认可准则发生变化时，CNAS 应制定并公布其向新要求转换的办法和期限，在此之前要听取各有关方面的意见，以便让获准认可机构有足够的时间适应新的要求。CNAS 可以通过监督评审或复评审的方式对获准认可机构与新要求的符合性进行确认，在确认合格后方能继续认可。

（3）获准认可机构在完成转换后，应及时通知 CNAS。获准认可机构如在规定的期限内不能完成转换，CNAS 可以撤销认可。

三、实验室认可的作用和意义

（1）实验室认可表明具备按相应认可准则开展检测和校准服务的技术能力；

（2）实验室认可可以增强市场竞争能力，赢得政府部门、社会各界的信任；

（3）实验室认可可以获得签署互认协议方国家和地区认可机构的承认；

（4）实验室认可可以有机会参与国际间合格评定机构认可双边、多边合作交流；

（5）实验室认可可以在认可的范围内使用 CNAS 国家实验室认可标志和 ILAC 国际互认联合标志；

（6）实验室认可可以列入获准认可机构名录，提高知名度。

四、计量认证、审查认可与实验室认可

（一）计量认证

计量认证（CMA）是国家对检测机构的法制性强制考核，是政府权威部门对检测机构进行规定类型检测所给予的正式承认。

根据《中华人民共和国产品质量法》的有关规定，在中国境内从事面向社会检测、检验产品的机构，必须由国家或省级计量认证管理部门会同评审机构评审合格，依法设置或依法授权后，才能从事检测、检验活动。

CMA 是 China Metrology Accretidation（中国计量认证）的缩写。

取得实验室资质认定（计量认证）合格证书的检测机构，可按证书上所批准列明的项目，在检测（检测、测试）证书及报告上使用 CMA 标志。CMA 是检测机构计量认证合格的标志，有此标志的机构为合法的检验机构。

凡是具备计量认证申请条件的实验室都可以向当地或国家质量技术监督部门申请计量认证。

（二）审查认可

审查认可是指国家认证认可监督管理委员会和地方质检部门依据有关法律、行政法规的规定，对承担产品是否符合标准的检验任务和承担其他标准实施监督检验任务的检验机构的检测能力及质量体系进行的审查。

实施《产品质量监督检验测试中心管理试行办法》后，各省、地市、县纷纷

建立了专门的产品质检所、国家和省级（甚至一些副省级市和个别地级市）授权了一些国家质检中心和省级质检站。

《标准化法实施条例》第二十九条明确了对这些质检机构的规划、审查工作。在技术监督系统依法设置的质检所称"审查验收"，对行业的检验机构叫依法授权，统称"审查认可"，使用 CAL 标志。

CAL 标志是质量技术监督部门依法设置或依法授权的检验机构的专用标志。CAL 标志是 China Accredited Laboratory（中国考核合格检验实验室）的缩写。

1. 审查验收——验收证书

质量技术监督部门根据有关法律法规的规定，对其依法授权或依法设置承担产品质量检验工作的检验机构进行合理规划，界定检验任务范围，并对其公正性和技术能力进行考核合格后，准予其承担法定产品质量检验工作的行政行为。

2. 依法授权——授权证书

对计量授权考核合格的单位，由受理申请的人民政府计量行政部门批准，颁发相应的计量授权证书和计量授权检定、测试专用章，公布被授权单位的机构名称和所承担授权的业务范围。

审查认可机构除承担社会的检测业务之外，还承担着政府的监督抽查职能。

（三）计量认证与审查认可（验收、授权）的区别

1. 共同点

（1）均需第三方的公正；

（2）均为强制性行为；

（3）国家、省二级管理；

（4）评审准则一致，都是对质检机构公正性和技术能力的考核。

2. 不同点

（1）法律依据不同：计量认证依据《中华人民共和国计量法》；审查认可依据《中华人民共和国标准化法》和《中华人民共和国产品质量法》。

（2）法律地位不同：计量认证只考核技术能力，没有政府授权，通过计量认证的质检机构不能称其为"法定质检机构"；审查认可不光考核技术能力，政府还要依法设立或授权，给予质检机构承担法定监督检验任务的特殊地位。因此，通过审查认可的质检机构是"法定质检机构"。

（3）政府规划不同：计量认证不需列入规划，凡向社会出具公证数据的质检

机构必须通过计量认证；审查认可要列入统一规划，原则是统筹规划、合理布局、优势互补、不重复建设。

（4）使用标志不同：计量认证标志为 CMA，为"中国计量认证"的英文缩写；审查认可标志为 CAL，为"中国考核合格检验实验室"的英文缩写。

（四）实验室认可与计量认证、审查认可的区别

1. 适用对象不同

实验室认可适用于检测／校准实验室，计量认证和审查认可适用于产品质检机构。

2. 法律效力不同

计量认证和审查认可属国家对检验和检定机构实施的法制管理范围，是强制性行为，其结果将导致对检验和检定机构的授权。实验室认可则是实验室依从国际惯例，接受第三方权威机构评审的一种自愿行为，通过认可表明对实验室技术能力的承认。

3. 管理层次不同

计量认证和审查认可实行分级管理，而实验室认可是一级管理，实施机构是中国合格评定国家认可委员会，实施一站式认可。

4. 互认性不同

在国际合作中，计量认证和审查认可是政府行政管理行为，各国做法不一，实验室间不能互认，认可实验室出具的检测／校准数据是得到签署了互认协议的实验室认可机构认可的。

取得计量认证资质即可满足室内环境检测实验室开展业务的需求。

审查认可是一种政府行政行为，是国家实施的一项针对承担监督检验、仲裁检验任务的各级质量技术监督部门所属的质检所机构和授权的国家、省级质检中心（站）的一项行政审批制度。

取得国家实验室认可可以提高实验室自身的管理水平和技术能力，并且认可实验室出具的检测／校准报告具有互认资格，使实验室的技术能力得到社会承认。

第七章　信息化背景下的环境监测新技术

环境监测是利用物理的、化学的和生物的方法，对影响环境质量因素中有代表性的因子（包括化学污染因子、物理污染因子和生物污染因子）进行长时间的监视和测定，它可以弥补单纯用化学手段进行环境分析的不足。环境监测技术开发建设是环境监测事业的基础和保障，是维护环境和生物安全必不可少的前提条件，是环保产业的重要组成部分。本章对新型的环境监测技术展开叙述。

第一节　自动监测技术

一、自动环境监测系统组成及在线自动监测仪工作流程

（一）自动环境监测系统组成

连续自动监测系统是由一个中心监测站、若干固定监测分站（子站）和信息、数据传输系统组成的。自动监测系统以在线自动分析仪器为核心，运用现代传感器技术、自动化技术、自动测量技术、自动控制技术、计算机应用技术及相关专用分析软件和通信网络进行数据采集、传输和信息控制。

（二）在线自动监测仪工作流程

1. 水质自动监测仪工作流程

水样经采样器输送到分析仪预处理装置，过滤器除去细小悬浮物后，分析仪采样定容，进行各种监测项目的监测，其结果通过采集、处理和存储后传输到各监控站。

2. 烟气自动监测仪工作流程

气体采样探头采集到样品后在烟道直接监测出结果的参数通过信号传输到下方分析仪存储系统中，气体监测项目经过管路到达预处理装置，除去水分和其他杂质，由抽样泵到达分析装置，分析测定如 SO_2、NO_2、O_3 等气体成分。测定结果经处理后被传输到工控机。

二、水质自动监测技术

（一）水质自动监测系统（WQMS）

水质自动监测子站应包括站房、自动监测系统、避雷系统等。为了保证采样的连续性，子站内的采样装置通常会设置两套。

（二）水质自动监测仪器

1. 一般指标系统监测仪器

水质连续自动监测一般指标系统的监测仪器有水温监测仪、电导监测仪、pH 监测仪、溶解氧监测仪、浊度监测仪等。前四项用电极法原理，浊度测定则是由水样悬浮颗粒散射的数值经微电脑处理，再转化成浊度值。

2.COD 自动监测仪

COD 自动监测仪常用于 COD（化学需氧量）值的恒电流库仑法测定。恒电流库仑法是水样以重铬酸钾为氧化剂在硫酸介质中回流氧化后，过量的重铬酸钾用电解产生的亚铁离子作为库仑滴定剂进行库仑滴定，根据电解产生亚铁离子所消耗的电量，按法拉第定律换算显示出 COD 值。

3.BOD 自动监测仪

近年来研制成的微生物膜式 BOD（生化需氧量）自动监测仪可在 30 min 内完成一次测定。该仪器由液体转送系统、传感器系统、信号测量系统及程序控制、数据处理系统组成。

4.TOC 自动监测仪

总有机碳（TOC）是以碳的含量表示水体中有机物质总量的综合指标。TOC 的测定采用燃烧法，TOC 自动监测仪有单通道和双通道两种类型。

5. 氨氮 / 总氮自动分析仪

氨氮自动分析仪有氨气敏电极电位法、分光光度法、傅立叶变换光谱法。自动氨氮仪等需要连续和间断测量方式，水样经过在线过滤后，测定值相对偏差较大。总氮自动分析仪有过硫酸盐消解 - 紫外光度法和密闭燃烧氧化化学发光法，前者受溴化物离子的干扰，后者无干扰，被认为是自动在线监测的首选方法，测定原理为水样注入温度为 750 ℃ 的密闭反应管中，在催化剂的作用下，样品中含氮化合物燃烧氧化生成 NO，然后通过载气（空气）将 NO 导入化学发光检测器进行测定。

6. 磷酸盐 / 总磷自动分析仪

水中磷的测定，通常按其存在的形式分别测定总磷、溶解性正磷酸盐和总溶解性磷。

这类仪器的测定方法主要有两种：①过硫酸盐消解光度法；② FIA 光度法。我国的总磷自动监测仪只有在水样分解方法及分解速度方面有所区别。

三、空气质量自动监测技术

（一）空气质量自动监测系统（AQMS）

空气质量连续自动监测系统是由一个中心监测站、若干个子站和信息传输系统组成的。该系统是一个由监测仪器、数据通信、计算机组成的网络。

空气质量自动监测系统中的各站点大多为固定站点，但有时也设有若干流动监测站、排放源监测站、遥测监测站与固定站，互相补充成为一个完整的系统。

（二）空气污染连续自动监测仪器

1. 脉冲紫外荧光 SO_2 自动监测仪

该仪器是依据荧光光谱法原理设计的干法仪器，具有灵敏度高、选择性好、适用于连续自动监测等特点，被世界卫生组织（WHO）推荐在全球监测系统中采用。

当用波长 190~230 nm 脉冲紫外线照射空气样品时，则空气中的 SO_2 分子对其产生强烈吸收，被激发至激发态。

脉冲紫外荧光 SO_2 自动监测仪由荧光计和气路系统两部分组成。

2. 电导式 SO_2 自动监测仪

电导法测定空气中 SO_2 的原理基于用稀的 H_2O_2 水溶液吸收空气中的 SO_2，并发生氧化反应。

四、污染源在线监测技术

（一）烟气排放连续监测系统（CEMS）

1.监测系统构成

固定污染源烟气排放连续监测系统是由烟尘监测子系统、气态污染物监测子系统、烟气排放参数测量子系统、系统控制及数据采集处理子系统等组成的。

（1）气态污染物监测子系统。

气态污染物监测子系统是监测以气体状态分散在烟气中的污染物，包括 SO_2、NO_2、CO、CO_2 等。气态污染物采样探头安装在烟道上，中间由传输管线相连并传送样气至分析仪器。常用的采样方式为抽取法和稀释法。抽取法通过对传输管道加热，解决了采样过程中烟气所含水汽的冷凝问题。稀释法采用洁净的干空气按一定比例来稀释样品，没有水汽冷凝问题，但取样探头复杂，成本高。

SO_2 连续监测方法主要有非分散红外吸收法、紫外吸收法、荧光法、定电位电解法。氮氧化物连续监测方法主要有非分散红外吸收法、紫外吸收法、化学发光法、定电位电解法。此外，根据采样方式的不同又分为采样稀释法、直接抽取法和直接测量法。

①采样稀释法。采样稀释法是将经过过滤的烟气与稀释气体按一定的比例混合，稀释后的气体送环境空气质量监测的仪器分析。由于紫外荧光法和化学发光法监测的相应气体浓度量程较小，因而在污染源监测中应用该方法时必须对被测样品气进行稀释，以符合两方法的量程范围。一般稀释比为（ 1 ∶ 350）~（ 1 ∶ 100）。

②直接抽取法（完全抽气法）。该法直接抽取烟道气进行连续监测，避免稀释法由于稀释比难以精确控制带来的误差，提高测量精度。气体分析仪器采用红外吸收、紫外吸收及其他测量原理，使仪器本身的测量范围可覆盖被测气体的所有量程。由于气体传输途中环境温度远远低于采样气体温度，会造成传输管道结露而损失 SO_2、NO_x，并腐蚀管道。因此，配备加热系统，以对采样探头、烟尘过滤器和传输管路加热。当含烟尘气被抽入烟气采样器后，经过滤装置去除烟尘颗粒物，样品气经加热保温的传送管进入第一级气／水分离器，对水气进行粗过滤，对颗粒物进行细过滤；然后对其进行冷凝，冷凝过程中对水进行了分离，然

后样品气进入第二级气/水分离器，经再过滤后，已满足仪器对样品气的要求，进入分析仪。

③直接测量法。直接测量即对被测气体做直接测量而不做任何传输和处理，一般采用光学吸收原理。通常这类仪表选择在红外和紫外波段。采用红外吸收原理进行工作时，气体对红外光束的吸收率和单位长度内气体的浓度成正比，其测量结果代表着整个光路上气体浓度的平均值，测量结果与红外光束通过被测气体的实际光程和被测气体的浓度成正比。如果测量单一组分可采用色散型，但是要测量多个组分就应该用非色散型。

监测污染物浓度的同时，需要对烟气参数进行相应的在线测定，以计算排放率和排放总量。例如，测定烟气温度、烟气湿度、烟气静压、环境大气压和烟气流速。烟气流速连续测定的主要方法有皮托管法、超声波法、靶式流量计法和热平衡流量计法。

（2）颗粒物（尘）监测子系统。

该系统监测的是烟尘污染物，监测方法主要有 β 射线衰减法、电荷转移法、浊度法和后散射法等。

（3）烟气参数监测子系统。

烟气参数监测子系统是监测烟气的温度、湿度、压力、氧气含量、流量等辅助参数，以便将污染物的监测数据换算成标准状态下一定过量空气系数的干烟气数据。其中温度的测量采用热电阻、热电偶或红外方法等；湿度的测量采用电容传感法、红外吸收或双氧法等；流量的测量通过测量流速来计算流量。

组成 CEMS 的设备按照安装布置可分为烟道现场仪器和仪器间仪器部分。烟道现场仪器包括直抽取样探头、烟尘监测仪、烟气温度、压力、湿度、流速仪。仪器间仪器包括烟气预处理装置、分析仪器、工控机、气瓶等。现场仪器和仪器间通过烟气采样伴热管、电缆连接，负责气体、电源和信号的传输。

2. 监测指标

烟气必测的参数项目指标有烟气温度、烟气流速、烟道截面积、烟气流量、烟气湿度、烟道含氧量。烟道必测的污染物项目指标有颗粒物、二氧化硫、氮氧化物。通过测量必须计算的参数项目有污染物排放浓度、污染物排放速率、污染物排放量。

（二）环境噪声自动监测技术

环境噪声在线自动监测系统包括三部分：前端智能仪表、噪声数据管理中心、噪声数据处理中心。

环境噪声在线自动监测系统可具有 n 个前端智能仪表（ $n<10\,000$ ）， k 个噪声数据管理中心（ $k<100$ ）， m 个噪声数据处理中心（ $m<1\,000$ ）。

第二节　遥感监测技术

遥感（Remote Sensing，RS）技术近年来在环境监测中逐步得到运用。其突出优点是可以对三维空间的环境质量参数进行监测，范围可及任何偏僻的、人难以到达的地面和大气上层空间。卫星遥感技术可用于大气污染扩散规律研究，河流、海洋、湖泊污染现状监测，环境灾害监测，关于沙漠化、盐渍化、水土流失的动态监测及植被状态、土地利用现状等生态环境现状的监测。随着遥感技术的快速发展和分辨率的大大提高，可以从全球范围全面地、直观地、系统地研究环境各要素的变化规律和相互关系。

一、遥感监测方法

（一）摄影遥感技术

摄影遥感的原理是基于目标物或现象对电磁波的反射特性的差异，用感光胶片感光记录就会得到不同颜色或色调的照片。摄影有黑白全色摄影、黑白红外摄影、天然彩色摄影和彩色红外摄影，适用于对土地利用、植物、水体、大气污染状况进行监测。

摄影遥感技术可用来判定不同种类的污染物。例如，当水中藻类繁生，叶绿素浓度增大时，会导致蓝光反射减弱、绿光反射增强，这种情况会在照相底片上反映出来，据此可大致判定大面积水体中叶绿素浓度发生的变化。

（二）红外扫描遥感监测技术

红外扫描遥感监测技术是指采用一定的方式将接收到的监测对象的红外辐射能转换成电信号或其他形式的能量，然后加以测量，获知红外辐射能的波长和强度，借以判断污染物种类及其含量。红外扫描遥测技术可用于观测河流、湖泊、水库、海洋的水体污染和热污染、石油污染情况，森林火灾和病虫害，环境生态等。

（三）光谱遥感监测技术

光谱遥感技术以其大范围、多组分检测、实时快速的监测方式，使其具有其他方法不可比拟的优点，在环境遥感监测中得到广泛的应用。

光谱遥感监测技术包括差分吸收光谱技术（DOAS）、傅立叶变换红外吸收光谱技术（FTIR）等。

采用DOAS技术不仅可以监测工业厂区泄漏溢出的污染物，在区域背景监测、道路和机场空气质量监测方面也有较广的应用。

采用FTIR技术可获得污染物许多化学成分的光谱信息，常用于测量和鉴别污染严重的空气成分、有机物或酸类。

（四）激光雷达遥感监测技术

激光雷达遥感监测环境污染物质是利用测定激光与检测对象作用后发生散射、反射、吸收等现象来实现的，可分为米氏散射、拉曼散射、激光荧光技术等。激光雷达遥测技术具有灵敏度高、分辨率好、分析速度快等优点。

二、遥感实例

（一）水质污染遥感技术

基于RS光谱特性的水体信息自动提取已经在国内外得到应用，它包括水体及遥感监测。我国由于气候条件的差异，东南部降水丰沛、河流众多、水系庞大，西北和藏北高原气候干旱、蒸发旺盛，河流呈间歇性。利用遥感来探测不同季节的水系状况，较之人工的实地勘察具有不可比拟的优越性。同时利用水温的差异、泥沙含量的差异、水化学特性的差异进行水体的遥感监测，不仅能对地表水体进行空间识别、定位及定量计算面积、体积，模拟水体动态变化，而且随着遥感基础理论研究的进展，通过对水体光谱特性的深入研究，进而对水体属性特征参数进行定量测定，如水深、悬浮泥沙浓度、叶绿素含量及污染状况的监测。

对水体污染进行大范围实时监测是遥感技术应用的一个重要方面，它主要应用热红外扫描遥感技术，应用热红外扫描仪等进行航空遥感监测水质污染状况是由于未污染的水与被污染的水的比辐射率不同，因而即使它们在相同的温度下辐射温度也不相同，从其辐射温度的差值显示污染分布情况。应用实例有海洋赤潮监测、湖泊水质监测、河流无机物污染监测、海洋石油泄漏污染监测等。

（二）城市生态环境遥感技术

随着对城市环境和生态保护的深入发展，面对区域广阔的宏观环境，遥感监测技术就是获取大范围、综合性、同步信息方面的先进手段。它能通过图像上的信息，详细、全面、客观地反映城市地面景物的形态、结构、空间关系和特征，对城市环境和生态监测与研究大有潜力。应用实例有空气污染状况监测、城市绿化动态监测、土地利用动态变化等。

（三）全球环境变化遥感技术

全球环境变化是目前全人类最为关注的焦点，也是遥感监测技术应用的重点领域。其监测实例有气象预报、土地沙漠化、土地盐碱化、土壤湿度、地表辐射温度、海洋叶绿素、水体面积变化、臭氧层破坏等。

（四）利用卫星遥感信息技术开展环境灾害监测

例如，在 NOAA 卫星（美国第三代极轨业务气象卫星）AVHRR 图像上对水体进行特征分析，可以成功地对水灾进行监测。将 Land-sat TM 和 MSS 具有的高空间分辨率和多光谱特性，用于洪水本底水体的提取或淹没区土地类型的提取。

三、"4S" 技术拓展环境遥感技术的发展

"4S" 技术是将环境污染遥感监测技术（RS）、地理信息系统（GIS）、全球定位系统（GPS）、专家系统（ES）进行技术集成。

遥感为地理信息系统提供自然环境信息，为地理现象的空间分析提供定位、定性和定量的空间动态数据；地理信息系统为遥感影像处理提供辅助，用于图像处理时的几何配准和辐射订正等。在环境模拟分析中，遥感与地理信息系统的结合可实现环境分析结果的可视化；全球定位系统为遥感对地观测信息提供实时或准实时的定位信息和地面高程模型；专家系统大大提高环境遥感监测的科学性、合理性及智能化程度。"4S" 技术使遥感技术综合应用的深度和广度不断扩展，为生态研究、资源开发、环境保护及区域经济发展提供科学数据和信息服务。

第三节　应急监测技术

一、应急监测的程序

接到突发性污染事故应急监测指令后，应立即启动应急监测预案，根据已经掌握的污染事故发生情况，快速组织现场监测组、实验室分析组、后勤通信保障组等监测人员到位，根据判断大致确定应急监测响应方案，如监测内容（水、气、土壤等）、监测项目、监测点位、所需仪器设备、防护设备等，并迅速赶往事故现场。

（一）现场判断

1. 从气味判断

各种毒物都有其特殊的气味，尤其是易挥发的毒物，且发生化学泄漏事故后，在泄漏地域或下风方向，可嗅到毒物散发出的特殊气味，可初步判断是有机的还是无机的。

2. 从水性判断

用 pH 试带检测染毒空气或水中的毒物性质，大致判断出待测物可能属于哪一类化学毒物。

3. 从人畜受害中毒症状判断

由于各种毒物所产生的毒害作用不同，根据人员或动物中毒之后所表现的特殊症状，可以判断毒物的大致种类。

4. 从染毒症候判断

由于各种化合毒物其理化性质存在较大的差异，故发生化学事故后产生的症候各有差别。

5. 从危险源查明可能的毒物

在事故发生地，可根据平时掌握的该地区危险源资料及当事人提供的背景资料，准确判断出毒物的种类和名称。

（二）实地监测

1. 正确选择监测点

在检测染毒气体时，一是要通风检测，二是选择毒物的飘移云团经过的路径，三是对掩体、低洼地等位置实施快速检测。在检测地面毒物时要找到存在明显毒物的地域。

2. 灵活选用监测器材和速测方法

例如事故危险区无明显的有毒液体，则要重点检测气态毒物；如发现有明显的有毒液体，可实施多手段同时检测。有条件的可使用便携式 FYIR 测定特征因子，现场定性判断污染物种类，并用仪器内存谱库至少做出定量判断。用便携式气相色谱法现场定量测定；气体直接进样，水样、固体样使用顶空法。

3. 综合分析，现场评估

综合分析是将判断过程中得到的各种情况及使用检测器材的情况，结合平时工作中积累的经验加以系统分析得出正确的结论，以便及时、正确地处理、处置。

（三）实验室分析

为了进一步对事故原因、后果进行分析和制定恢复措施，对危害较大的污染事件，在现场检测的同时进行现场取样迅速送达实验室分析。

二、有毒化学品的污染事故的应急监测和处理处置办法

常见的有毒化学品的污染事故的应急监测和处理处置办法见表 7-1。

表 7-1 常见的有毒化学品的污染事故的应急监测和处理处置办法

名称	污染源	中毒现象	应急监测技术	处置方法
汞	汞矿的冶炼、电镀、化工及矿物燃料的燃烧	汞及其化合物有强烈毒性，中毒时会出现口腔炎、食道和胃黏膜坏死。烷基汞毒性更大	常用的方法有检气管法和便携式的阳极溶出法	在污水中加入易氧化物，再加入硫化钠或硫化钾，鼓气搅拌，生成硫化汞沉淀。汞可撒硫黄粉遮盖，使生成硫化汞
铬	电镀、皮革、印染、铬矿石加工	六价铬主要是慢性毒害，易积存于肺部，引起鼻炎、咽喉炎	Cr^{6+}污染的水呈黄色。可用试纸法、比色法检测	硫酸亚铁石灰法、离子交换法和铁氧体法，前两种方法应用较普遍

名称	污染源	中毒现象	应急监测技术	处置方法
铅	矿山开采、冶炼、染料、印刷及橡胶生产、铅玻璃等	贫血、铅绞痛、铅中毒性肝炎、神经衰弱、严重者可致铅性脑病	水体中 2~4 mg/L 时水即浑浊，可采用速测管法、分光光度法、阳极溶出伏安法	对于四氯化铅、高氯酸铅用干沙土混合后再处理。皮肤沾染用肥皂水冲洗，水体污染，可投加石灰乳至 pH 值到 7.5 使铅成氢氧化铅沉淀
镉	印染、农药、陶瓷、摄影、矿石开采、冶炼等行业	人的急性中毒出现头痛、头晕、呼吸困难、腹泻等，可致产生肺损伤，出现急性肺水肿和肺气肿，以及肾皮质坏死	有分光光度法、阳极溶出伏安法	用湿沙土混合后将污染物深埋或收集后处理。污染地面用肥皂或洗涤剂刷洗。水体受污染时，可采用加入碳酸钠、氢氧化钠或石灰和硫化钠的方法使镉形成沉淀
氰化物	电镀、煤气、焦化、炼金、制革、苯、甲苯、二甲苯、农药等生产过程	轻者有黏膜刺激、唇舌麻木、头痛眩晕、恶心、呕吐、心悸、气喘等；重者呼吸不规则，逐渐昏迷、痉挛、大小便失禁、迅速发生呼吸障碍而死亡	化学试剂检测组法测氰化氢时，氰化氢采用浊度法比色，其他氰化物采用吡啶比唑啉酮法比色，标准色阶为比色盘	戴好防毒面具和手套，污染物、废水加次氯酸钠或漂白粉，放置 24 h，确认氰化物全部分解，稀释后放入废水系统
镍	电镀、电子、金属加工等行业	初期症状为头晕、恶心、呕吐、胸闷；后期症状为高烧、呼吸困难、胸部疼痛等；最终出现肺水肿、呼吸道衰竭而致死	试纸法对重度污染的水质监测很方便，另外还有速测管法、分光光度法	戴好防毒面具等，用不燃烧分散剂制成乳液刷洗。如无分散剂可用沙土吸收，倒至空地掩埋。被污染地面用肥皂或洗涤剂刷洗，经稀释后排放废水系统
砷化物	矿渣、染料、制革、制药、农药等废渣、废水泄漏、火灾等	经消化道进入人体，症状为四肢无力、肌肉萎缩、出现消化不良、急性中毒持续性呕吐、剧烈头痛等、因心力衰竭或闭尿而死	有检测管法、分光光度法和阳极溶出伏安法	戴好防毒面具，用湿沙土与泄漏物混合后深埋，同时用 1∶50 碱水或肥皂水洗涤污染区，污水排入废水系统进行处理

续　表

名称	污染源	中毒现象	应急监测技术	处置方法
硫化物	焦化、选矿、造纸、印染和制革等工业废水	恶心呕吐、呼吸困难，长期饮用含硫化物较高的水会造成味觉迟钝、食欲减退，直至衰竭死亡	试纸法、检测管法、分光光度法和化学试剂检测组法等	多数为碱性的硫化物废水，可用中和法，但应注意生成硫化氢气体污染。氯化法：加入铁或硫酸铁、氯化铁等，曝气2 h后产生硫化铁沉淀
苯、甲苯、二甲苯等	工业有机合成、油漆、染料合成纤维、制药等行业，在储存、运输过程泄漏	各种苯类物质毒性不同，但中毒症状基本为眼红、流泪、皮肤红痒、头痛、恶心、麻醉等	根据其特有芳香味、可初步判断；有检气管法、气相色谱法	应立即切断火源，工作人员戴防毒面具等，泄漏周围用沙土阻拦；污染土壤收集后转移到空地挥发
三氯甲烷	有机合成、医药、杀虫剂、合成纤维等行业	灼伤皮肤、有较强的麻醉性，可致死；燃烧会产生更毒的光气（二氧化碳酯）	无色透明液体、具有强烈的芳香味：有检气管法、气相色谱法	用沙土阻断其流向，用土壤覆盖、处理中不要用铁器。对土壤可加水加热使之生成甲酸、氧化碳和盐酸；加浓碱液可生成氯化钠、一氧化碳，尽量避光处置

第八章　环境污染防治

中国经济发展迅速，人民生活水平逐步提高。中国的城市化进程越来越快，但污染问题已成为城市经济发展的问题。中国城市化进程的加速和人口增长推动了人们生活水平的提高和环境的破坏，以及资源的紧张和浪费。在解决城市污染问题的道路上，我们需要不断发展新的防治措施，从自身入手，加强对城市环境的保护，营造优美的城市生活环境。基于此本章对环境污染防治展开讲述。

第一节　大气污染防治

一、大气污染的定义

世界卫生组织和联合国环境组织发表的一份报告说：空气污染已成为全世界城市居民生活中一个无法逃避的现实。工业文明和城市发展在为人类创造巨大财富的同时，也把数十亿吨计的废气和废物排入大气之中，人类赖以生存的大气圈成了空中垃圾库和毒气库。因此，大气中的有害气体和污染物达到一定浓度时，就给人类和环境带来巨大灾难。

按照国际标准化组织的定义，大气污染通常是指由于人类活动和自然过程引起某种物质进入大气中，积累到足够的浓度，达到了足够的时间并因此而危害了人体的舒适、健康和福利或危害了环境的现象。这里指明了造成大气污染的原因是人类的活动和自然过程。人类活动包括人类的生活活动和生产活动两个方面，而生产活动又是造成大气污染的主要原因。自然过程则包括了火山活动、山林火灾、海啸、土壤和岩石的风化及大气圈的空气运动等。上述所说的原因导致一些非自然大气组分如硫氧化物、氮氧化物等进入大气，或使一些组分的含量大大超过自然大气中该组分的含量，如碳氧化物、颗粒物等。

二、大气污染来源

按人类社会活动功能划分，大气污染源可以分为工业污染源、农业污染源、交通运输污染源和生活污染源等。

工业污染源是指由火力发电、钢铁、化工和硅酸盐等工矿企业在生产过程中所排放的煤烟、粉尘及有害化合物等形成的污染源。此类污染源由于不同工矿企业的生产性质和流程工艺的不同，其所排放的污染物种类和数量也大不相同，但有一个共同的特点：排放源集中、浓度高、局地污染强度高，是城市大气污染的罪魁祸首。工业污染源主要包括燃料燃烧排放的污染物及工艺生产过程中排放的废气（如化工厂排放的具有刺激性、腐蚀性、异味和恶臭的有机和无机气体；炼焦厂排放的酚、苯、烃类和化纤厂排放的氨、二硫化碳、甲醇、丙酮等有毒有害物质）以及生产过程中排放的各类金属和非金属粉尘。由于工业企业的性质、规模、工艺过程、原料和产品等种类不同，对大气污染的程度也不同。例如，由火力发电厂、钢铁厂、化工厂及农药厂、造纸厂等各种工矿企业在生产过程中排放出来的烟气，含有烟尘、硫氧化物、氮氧化物、二氧化碳及炭黑、卤素化合物等有害物质。

农业污染源主要是不当施用农药、化肥、有机粪肥等过程中产生的有害物质挥发扩散，以及施用后期 NO_x、CH_4 挥发性农药成分从土壤中逸散进入大气等形成的污染源。有些有机氯农药如 DDT，施用后能在水面悬浮，并同水分子一起蒸发而进入大气；氮肥在施用后，可直接从土壤表面挥发成气体进入大气；而以有机氮或无机氮进入土壤内的氮肥，在土壤微生物作用下可转化为氮氧化物进入大气，从而增加了大气中氮氧化物的含量。此外，稻田释放的甲烷，也会对大气造成污染。

交通运输污染源是指由汽车、飞机、火车和轮船等交通运输工具运行时向大气中排放的尾气。这类污染源属流动污染源，主要污染物是烟尘、碳氢化合物、金属尘埃等，是城市大气环境恶化的主要原因之一。飞机、汽车、船舶排出的尾气中含 NO_x、SO_2、碳氢化合物、CO、铅氧化物、苯并芘、多环芳烃等大气污染物。而且由于汽车汽缸结构不好，燃烧不完全，以及使用汽油抗爆剂四乙基铅等，在燃烧排放的尾气中，还含有大量其他污染气体。

生活污染源是指居民日常烧饭、取暖、沐浴等活动，燃烧化石燃料而向大气排放烟尘、SO_2、NO_x 等污染物。同时，城市生活垃圾在堆放过程中还会产生厌氧分解排出的二次污染物。这些污染源属固定源，具有分布广、排量大、污染高度低等特点，是一些城市大气污染不可忽视的污染源。

三、空气污染物的分类

空气污染物通常指以气态形式进入近地面或低层大气环境的外来物质。大气中的重要污染物（源）有可吸入颗粒物、O_3、NO_x、CO、SO_2 等。除了这些污染源造成空气污染外，还有二次污染形成的光化学烟雾，也会对空气造成严重污染。

（一）依照污染物存在的形态

1. 颗粒污染物

进入大气的固体粒子和液体粒子均属于颗粒污染物。对颗粒污染物可做出如下的分类。

（1）尘粒。尘粒一般是指粒径大于 75 μm 的颗粒物。这类颗粒物由于粒径较大，在气体分散介质中具有一定的沉降速度，因而易于沉降到地面。

（2）粉尘。在固体物料的输送、粉碎、分级、研磨、装卸等机械过程中产生的颗粒物，或由于岩石、土壤的风化等自然过程中产生的颗粒物，悬浮于大气中称为粉尘。

（3）烟尘。在燃料的燃烧、高温熔融和化学反应等过程中所形成的颗粒物，飘浮于大气中称为烟尘。

（4）雾尘。雾尘是悬浮于大气中的小液体粒子的总称。

（5）煤尘。煤尘是燃烧过程中未被燃烧的煤粉尘，大、中型煤码头的煤扬尘以及露天煤矿的煤扬尘等。

颗粒物按粒径分类主要有 PM10（粒径小于 10 μm）、PM2.5、PM0.1。其中 PM2.5 含量是国际通用的观测城市大气颗粒物的常用指标，故以下数据主要以 PM2.5 为主。PM2.5 是指大气中直径小于或等于 2.5 μm 的颗粒物，也称为可入肺颗粒物。它的直径还不到人的头发丝粗细的 1/20。虽然 PM2.5 只是地球大气成分中含量很少的组分，但它对空气质量和能见度等有重要的影响。与较粗的大气颗粒物相比，PM2.5 粒径小，富含大量的有毒、有害物质，且在大气中的停留时间长、输送距离远，因而对人体健康和大气环境质量的影响更大。

2. 气态污染物

以气体形态进入大气的污染物称为气态污染物。气态污染物有以下五种类型：

（1）含硫化合物主要指 SO_2、SO_3 和 H_2S 等，其中以 SO_2 的数量最大，危害也最大，是影响大气质量的最主要的气态污染物。

（2）含氮化合物的种类很多，其中最主要的 NO、NO_2、NH_3 等。

（3）碳氧化合物。污染大气的碳氧化合物主要是 CO 和 CO_2。

（4）碳氢化合物此处主要是指有机废气。有机废气中的许多组分构成了对大气的污染，如烃、醇、酮、酯、胺等。

（5）卤素化合物。对大气构成污染的卤素化合物，主要是含氯化合物及含氟化合物。

（二）依照与污染源的关系

依照与污染源的关系，可将其分为一次污染物与二次污染物。若大气污染物是从污染源直接排出的原始物质，进入大气后其性质没有发生变化，则称其为一次污染物；若由污染源排出的一次污染物与大气中原有成分，或几种一次污染物之间，发生了一系列的化学变化或光化学反应，形成了与原污染物性质不同的新污染物，则所形成的新污染物称为二次污染物。

二次污染物，如硫酸烟雾和光化学烟雾，所造成的危害往往比一次污染物更大，已引起人们的普遍重视。二次污染物也称"次生污染物"，是一次污染物在物理、化学因素或生物作用下发生变化，或与环境中的其他物质发生反应，所形成的物化特征与一次污染物不同的新污染物，通常比一次污染物对环境和人体的危害更为严重。如水体中无机汞化合物通过微生物作用，可转变为更有毒的甲基汞化合物，进入人体易被吸收，不易降解，排泄很慢，容易在脑中积累。

大气中的二氧化硫和水蒸气可氧化为硫酸，进而生成硫酸雾，其刺激作用比二氧化硫强 10 倍。由汽车尾气排放的氮氧化物和工厂排出的碳氢化合物在阳光作用下，在波长 400 nm 可与以下的紫外线区进行的一系列化学反应，生成臭氧、和过氧化酰基硝酸盐等光化过氧化产物及各种游离基、醛、酮等成分，形成一种毒性较大的蓝色烟雾飘浮在空气中，称为"光化学烟雾"。

四、城市主要空气污染物

城市是人类生产、生活的集中场所，聚集了人口、工业，消耗了大量的能源和资源，也产生了大量的废气，影响了大气环境质量。随着经济的不断发展、工业化程度的不断提高，人类对环境的破坏也呈现出越来越严重的趋势。迄今为止，大多数污染事故都发生在城市，改善城市的大气污染成为城市发展和环境保护治理的首要目标。

中国政府加大了环保工作的力度，颁布一些大气预防污染政策，并采取了相关措施，收到一定的效果。但从总体来看，环境污染和破坏趋势还没有完全被控制。中国是大气污染严重的国家之一，治理任务艰巨，任重道远。

（一）CO、SO_2、NO_x 等有毒气体

SO_2 等有害气体造成的大气污染主要是人为因素引起的，而人为因素造成大气污染的污染源主要是生活污染源和工业污染源。生活污染源主要是由于人们烧火、取暖、沐浴等需要而燃烧煤等燃料产生的。这类污染源具有分布面广、排放污染物量大和排放高度低等特点，是造成城市污染的主要污染源。工业污染源主要在钢铁、化工、煤炭、火电、水泥等工矿企业燃料燃烧和生产过程中产生。

（二）颗粒物质（PM）

颗粒物是影响我国城市空气质量的首要污染物，是 113 个大气污染防治重点城市在 2020 年全面达标的最大障碍。与 SO_2 和 NO_x 相比，颗粒物来源广、成分复杂、控制难度大。城市空气中颗粒物主要来源于土壤风沙尘、煤烟尘、施工扬尘、机动车尾气尘、垃圾焚化业、混凝土制造业、金属冶炼业等一次污染源，也包括城市道路交通扬尘等二次污染源。

（三）CO_2 等温室气体

由于近年来人类活动频繁、矿物燃料用量猛增，再加上森林植被破坏，使得大气中 CO_2 和各种气体微粒含量不断增加，温室效应加剧，导致全球性气候变暖。影响气候变化的温室气体有 CO_2、CH_4、N_2O、氢氟碳化物、全氟化碳。

（四）其他空气污染物

除以上类型外，还有其他众多危害空气质量的污染物，如空气中的微生物。空气微生物是指空气中细菌、霉菌和放线菌等有生命的活体，它主要来源于自然

界的土壤、水体、动植物和人类；此外污水处理、动物饲养、发酵过程和农业活动等也是空气微生物的重要来源。空气微生物是城市生态系统的重要组成部分，空气中广泛分布的细菌、真菌、放线菌、病毒等生物粒子不仅具有极其重要的生态系统功能，还与城市空气污染、城市环境质量和人体健康密切相关。城市空气中微生物状况是城市环境综合因素的集中体现，是评价城市空气环境质量的重要指标之一。

五、城市空气污染的危害

城市空气污染对人类、气候和植物均造成了严重危害。大气污染与人群的许多疾病，特别是呼吸系统疾病、心血管疾病、免疫系统疾病、肿瘤的患病率和死亡率密切相关。空气污染对经济损失的评估是制定环境管理政策的重要依据。空气污染全球化且日趋严重，使地球变暖、城市热岛效应加剧、酸雨蔓延，给人类带来了空前的危机。另外，空气污染还使植物产生产量下降、品质变坏等严重后果。因此，治理空气污染物、减少空气污染已刻不容缓。

（一）生态环境的危害

大气污染对生态环境的破坏在近年来逐渐体现出来。一是对臭氧层的损伤。臭氧层能够强烈地吸收太阳光中的紫外线成分，保护地球上的生物免受侵害，但大量制冷剂，冰箱、空调产生的氯氟烃气体对臭氧层形成了强大的冲击和破坏，使得阻挡短波光线的能力逐年减弱，其透过大气直接照射地球表面，对人类和生物造成了侵害。二是减少到达地面的太阳辐射量。从工厂、发电站、汽车、家庭取暖设备向大气中排放的大量烟尘微粒，使空气变得非常浑浊，遮挡了阳光，使得到达地面的太阳辐射量减少。据观测统计，在大工业城市烟雾不散的日子里，太阳光直接照射到地面的量比没有烟雾的日子减少40%。大气污染严重的城市，会导致人和动植物因缺乏阳光而生长发育不好。

（二）酸雨

空气中存在的大量二氧化硫、硫化物等酸性气体和汽车尾气中排放出的氮氧化合物协同作用，与空气中含有的水蒸气相遇形成酸雨。酸雨能使大片森林和农作物毁坏、粮食产量下降，能使纸品、纺织品、皮革制品等腐蚀破碎，能使金属的防锈涂料变质而降低保护作用，还会腐蚀、污染建筑物。酸雨对河流的污染，还可能对人体产生危害，影响人类的身体健康。

（三）增高大气温度

在大工业城市上空，由于有大量废热排放到空中，因此，近地面空气的温度比四周郊区要高一些。这种现象在气象学中称作"热岛效应"。

（四）对全球气候的影响

近年来，人们逐渐注意到大气污染对全球气候变化的影响问题。煤炭燃烧和尾气排放所产生的二氧化碳，对地球表面的长波辐射进行了吸收，直接导致地表温度升高，形成了众所周知的温室效应。从地球上无数烟囱和其他种种废气管道排放到大气中的大量二氧化碳，约有 50% 留在大气里。二氧化碳能吸收来自地面的长波辐射，使近地面层空气温度增高，这叫作"温室效应"。经粗略估算，如果大气中二氧化碳含量增加 25%，近地面气温可以增加 0.5~2.0 ℃；如果增加100%，近地面温度可以增高 1.5~6.0 ℃。有的专家认为，大气中的二氧化碳含量照现在的速度增加下去，若干年后会使南北极冰层部分融化，给生态环境带来灾害性和异常性。

（五）人类健康的危害

人类需要呼吸空气以维持生命。一个成年人每天呼吸的次数大概在两万次，吸入的空气平均可达 20 m^3。因此，被污染了的空气对人体健康的影响，是直接而迅速的。大气污染物对人体的危害是多方面的，主要表现是呼吸道疾病与生理机能障碍，以及眼鼻等黏膜组织受到刺激而患病。

（六）化学性物质污染

化学性物质污染主要来自煤和石油的燃烧、冶金、火力发电、石油化工和焦化等工业生产过程排入大气的有害物质最多。一般通过呼吸道进入人体，也有少数经消化道或皮肤进入人体。对居民主要产生慢性中毒，城市大气污染是慢性支气管炎、肺气肿和支气管哮喘等疾病的直接原因或诱因。世界上闻名的重大污染事件有比利时的马斯河谷事件、美国的多诺拉事件、墨西哥的帕沙利卡事件、英国的伦敦事件等。

（七）放射性物质污染

放射性物质污染主要来自核爆炸产物。放射性矿物的开采和加工、放射性物质的生产和应用，也能造成空气污染。污染大气起主要作用的是半衰期较长的放射性元素。

（八）生物物质污染

生物物质污染是一种空气应变源，能在个别人身上起过敏反应，可诱发鼻炎、气喘、过敏性肺部病变。城市居民受大气污染是综合性的，一般是先污染蔬菜、鱼贝类，经食物链进入人体。

由此可见，空气质量的好坏对人类健康有着十分重要的意义。

（九）对植物的危害

大气污染物，尤其是二氧化硫、氟化物等对植物的危害是十分严重的，若环境污染的程度超过了植物所能忍耐的范围，同样会对植物产生各种危害。环境污染对植物的危害主要是污染物通过气孔和根的吸收进入植物体内，侵袭植物组织，并发生一系列生化反应，从而使植物组织遭受损坏，叶绿素被破坏，发生缺绿症、气孔关闭、叶面积变小，甚至出现畸形等多种症状，导致植物的生理机能受到影响，造成植物产量下降、品质变坏。

六、大数据在环境治理领域的运用

（一）大数据的概念特征和应用方法

1. 大数据的具体特点

传统的数据在信息数据处理、传输和分析等各个方面都比较单一和有较多的限制，而大数据却能利用这些收集的信息数据，最大化地发挥大数据的作用。一般来说，大数据具有数量大、类别多、速度快、应用方便等特点。最近这些年发展起来一种把大量数据综合利用的信息技术，就是大数据技术，它比传统数据更多的优点在于，可以处理传统数据库无法处理的系统存储、分析、管理等问题。大数据的处理能力非常强，能够处理来自多方面的、大量的数据集合和数据群。大数据技术主要是通过分布式系统计算生态系统。它以一个用于存储和管理文件，通过统一的命名空间的分布式文件系统和一种编程模型分布式计算框架为核心，对大数据信息采用两种不同的体系架构进行并行处理，以提高大数据技术效率。

2. 大数据的计算方法

高速发展的信息社会，人们的生活中使用着千万、万万甚至更多字节的数据，涉及生产生活的各个方面，形成了一个浩瀚的庞大的数据的宇宙，分析研究和处理如此大量的数据，是当今大数据技术所要攻克的难题和瓶颈。利用互联网进行信息计算和传输的云计算技术，发展得越来越成熟，也从一方面初步解决了大数据处理的困难，从而实现了计算机服务器对大量数据库群的集中处理。

3. 深入分析数据的方式

要想应用大数据，核心环节是要发现收集数据、分析处理数据，这是因为只有在分析各项数据的过程中，才能找到我们想要的结果，这才产生了大数据的价值。在数据分析中最开始、最根本的数据都是从很多不同架构的数据源里提炼抽取和集成的，然后再根据不同的运用、不同的用途从数据中选择一部分进行深入分析。

（二）在环境治理中应用大数据

我国部分地区，经常会有环境工作人员在环境治理工作中不了解被污染地方的情况，造成污染治理措施不到位，没有起到成效，严重拖延了环境治理工作的进度，使我国环境保护工作严重滞后，而在环境保护中应用大数据技术，不仅可对环境质量有预先警告，还可以增强公众的环境保护意识，促进环境治理取得成效。

1. 大数据技术应用一：预测环境质量

大数据技术主要是利用采集的空气中灰尘等细微物质的含量、天气和云层的变化等各种不同类型环境检测仪器检测来的指标数据，获得与环境质量相关的大量的不同数据，然后再对各类数据进行科学的分析处理，主要是通过云计算及分布式系统计算的方式，对环境的质量做出预估。这种预估方式是有科学依据支撑的，是以事先收集的和自然环境变化相关的数据信息作为基础，通过自然规律对环境影响的一个合理预测，不是想当然的主观想象，这种预测是科学的。通过应用大数据技术计算出环境质量报告，是有预警作用的，是可以指导环境保护工作的，对开展环境质量工作发挥着重要作用。同时，大数据技术还可以通过联系收集的数据和自然内在规律，探究寻找自然和人类的内在关系，进一步为人类社会的发展和进步提出科学的建议，这也是人类和自然和平相处的美好愿望。

2. 大数据技术应用二：增强人类环境保护意识

增强人类的环境保护意识，是环境治理工作中的重要环节，只有全世界人民都意识到要保护环境，意识到自然环境对人类发展的重要，才能扎扎实实真正地将环境治理工作做到实处，才能共同建设人类美好的生活家园。在环境保护工作中推进大数据技术的应用，不仅可以增强人们的环保意识，让人们都参与到环境保护中，而且可以使通过大数据技术推理出来的环境质量预测报告很科学，让人民群众相信其真实性，让人民群众认识到，自然环境被污染，人类的生存都会有危险，对下一代是不负责任的表现。这样让人民群众更加重视自然环境的保护。同时，通过公开大数据信息，环境保护相关部门和单位也能及时了解人们群众的诉求，使他们能够有针对性地为大众提供服务，使本地区的环境更加健康美好。

第二节　水环境污染防治

一、水环境概述

雾霾还未散去，地下水污染的消息又接踵而来。地下水不同于地表水，被喻为人类的"生命水"。一旦遭受污染，治理需要千年的时间。一些企业为躲避查处，将致命性污水通过高压水井直接注入地下，使得村民因饮用污染水而染上怪病，甚至村庄沦为"癌症村"，"生命之源"变成"绝命之源"。

（一）水资源

水是人类及一切生物赖以生存的必不可少的重要物质，是工农业生产、经济发展和环境改善不可替代的极为宝贵的自然资源。水资源是指在一定的经济技术条件下可供人类利用的地球表层的水，又称水利资源，包括水量、水域和水能资源。

地球上目前和近期人类可直接或间接利用的水，是自然资源的一个重要组成部分。天然水资源包括河川径流、地下水、积雪和冰川、湖泊水、沼泽水、海水。按水质划分为淡水和咸水。随着科学技术的发展，被人类所利用的水增多，如海水淡化、人工催化降水、南极大陆冰的利用等。由于气候条件变化，各种水资源的时空分布不均，天然水资源量不等于可利用水量，往往采用修筑水库和地下水库来调蓄水源，或采用回收和处理的办法利用工业和生活污水，扩大水资源的利用。与其他自然资源不同，水资源是可再生的资源，可以重复多次使用；并出现年内和年际量的变化，具有一定的周期和规律；储存形式和运动过程受自然地理因素和人类活动所影响。

水是自然界的重要组成物质，是环境中最活跃的要素。它不停地运动且积极参与自然环境中一系列物理的、化学的和生物的过程。水资源与其他固体资源的本质区别在于其具有流动性，它是在水循环中形成的一种动态资源，具有循环性。水循环系统是一个庞大的自然水资源系统，水资源在开采利用后，能够得到大气降水的补给，处在不断地开采、补给和消耗、恢复的循环之中，可以不断地供给人类利用和满足生态平衡的需要。在不断地消耗和补充过程中，在某种意义上水资源具有"取之不尽"的特点，恢复性强。可实际上全球淡水资源的蓄存量是十分有限的。全球的淡水资源仅占全球总水量的 2.5%，且淡水资源的大部分储存在极地冰帽和冰川中，真正能够被人类直接利用的淡水资源仅占全球总水量的0.796%。从水量动态平衡的观点来看，某一期间的水量消耗量接近于该期间的水量补给量，否则将会破坏水平衡，造成一系列不良的环境问题。可见，水循环过程是无限的，水资源的蓄存量是有限的，并非取之不尽、用之不竭。

水资源在自然界中具有一定的时间和空间分布。时空分布的不均匀是水资源的又一特性。全球水资源的分布表现为大洋洲的径流模数为 51.0 L/(s·km^2)，亚洲为 10.5 L/(s·km^2)，最高的和最低的相差数倍。我国水资源在区域上分布不均匀。总的说来：东南多，西北少；沿海多，内陆少；山区多，平原少。在同一地区中，不同时间分布差异性很大，一般夏多冬少。

海水是咸水，不能直接饮用，所以通常所说的水资源主要是指陆地上的淡水资源，如河流水、淡水、湖泊水、地下水和冰川等。陆地上的淡水资源只占地球上水体总量的 2.53% 左右，其中近 70% 是固体冰川，即分布在两极地区和中、低纬度地区的高山冰川，还很难加以利用。目前，人类比较容易利用的淡水资源，主要是河流水、淡水湖泊水及浅层地下水，储量约占全球淡水总储量的 0.3%，只占全球总储水量的十万分之七。据研究，从水循环的观点来看，全世界真正有效利用的淡水资源每年约有 9 000 km^3。

地球上水的体积大约有 1 360 000 000 km^3。海洋占了 1 320 000 000 km^3（约97.2%）；冰川和冰盖占了 25 000 000 km^3（约1.8%）；地下水占了 13 000 000 km^3（约0.9%）；湖泊、内陆海和河里的淡水占了 250 000 km^3（约0.02%）；大气中的水蒸气在任何已知的时候都占了 13 000 km^3（约0.001%），也就是说，真正可以被利用的水源不到 0.1%。

（二）水环境

水环境是指自然界中水的形成、分布和转化所处空间的环境，是围绕人群空间及可直接或间接影响人类生活和发展的水体，是其正常功能的各种自然因素和有关的社会因素的总体；也有的指相对稳定的、以陆地为边界的天然水域所处空间的环境。在地球表面，水体面积约占地球表面积的 71%。水是由海洋水和陆地水两部分组成的，分别占总水量的 97.28% 和 2.72%。后者所占总量比例很小，且所处空间的环境十分复杂。水在地球上处于不断循环的动态平衡状态。天然水的基本化学成分和含量，反映了它在不同自然环境循环过程中的原始物理化学性质，是研究水环境中元素存在、迁移、转化和环境质量（或污染程度）与水质评价的基本依据。

水环境主要由地表水环境和地下水环境两部分组成。地表水环境包括河流、湖泊、水库、海洋、池塘、沼泽、冰川等。地下水环境包括泉水、浅层地下水、深层地下水等。水环境是构成环境的基本要素之一，是人类社会赖以生存和发展的重要场所，也是受人类干扰和破坏最严重的领域。水环境的污染和破坏已成为当今世界主要的环境问题之一。

（三）水污染

1. 水污染的定义

水污染是指水体因某种物质的介入，而导致其化学、物理、生物或放射性等方面发生改变，从而影响水的有效利用，危害人体健康或破坏生态环境，造成水质恶化的现象。

人类的活动会使大量的工业、农业和生活废弃物排入水中，使水受到污染。目前，全世界每年有 4 200 多亿 m^3 的污水排入江河湖海，污染了 5.5 万亿 m^3 的淡水，这相当于全球径流总量的 14% 以上。

2. 水污染分类

按照污染物的性质划分，水体污染可分为以下几类：

（1）物理性污染。

①水体感官性污染。

色泽变化：天然水是无色透明的。水体受污染后可使水色发生变化，从而影响感官。如印染废水污染往往使水色变红，炼油废水污染可使水色变为黑褐色，等等。水色变化，不仅影响感官、破坏风景，还很难处理。

浊度变化：水体中含有泥沙、有机质及无机物质的悬浮物和胶体物，产生混浊现象，以致降低水的透明度，从而影响感官甚至影响水生生物的生活。

泡状物：许多污染物排入水中会产生泡沫，如洗涤剂等。漂浮于水面的泡沫，不仅影响观感，还可在其孔隙中栖存细菌，造成生活用水污染。

臭味：水体发生臭味是一种常见的污染现象。水体发臭多属有机质在嫌气状态腐败发臭，属综合性恶臭，有明显的阴沟臭。恶臭的危害是使人憋气、恶心，水产品无法食用，水体失去旅游功能等。

②水体的热污染。

热电厂等的冷却水是热污染的主要来源。这种废水直接排入天然水体，可引起水温升高，造成水中溶解氧减少，还会使水中某些毒物的毒性升高。水温升高对鱼类的影响最大，可引起鱼类的种群改变与死亡。

③水体油污染。

沿海及河口石油的开发、油轮运输、炼油工业废水的排放等造成水体的油污染，当油在水面形成油膜后，影响氧气进入水体，对生物造成危害。此外，油污染还破坏海滩休养地、风景区的景观与鸟类的生存。

（2）无机物污染。

无机物污染指酸、碱和无机盐类对水体的污染。无机物污染首先使水的 pH 值发生变化，破坏其自然缓冲作用，抑制微生物生长，阻碍水体自净作用。同时，还会增大水中无机盐类和水的硬度，给工业和生活用水带来不利影响。

水体的无机有毒物质污染：各类有毒物质进入水体后，在高浓度时，会杀死水中的生物；在低浓度时，可在生物体内富集，并通过食物链逐级浓缩，最后影响到人体，如金属汞、铬、铅及非金属砷、硒等。

（3）有机物污染。

有机物污染主要是指由城市污水、食品工业和造纸工业等排放含有大量有机物的废水所造成的污染。这些污染物在水中进行生物氧化分解过程中，需消耗大量溶解氧，一旦水体中氧气供应不足，会使氧化作用停止，引起有机物的厌氧发酵，散发出恶臭，污染环境，毒害水生生物。各种有机农药、有机染料及多环芳烃等有机毒物污染，往往对人体及生物体具有毒性，致癌、致畸、致突变。

（4）营养盐与水体富营养化。

含植物营养物质的废水进入水体会造成水体富营养化，使藻类大量繁殖，并大量消耗水中的溶解氧，从而导致鱼类等窒息和死亡。

（5）生物污染。

生活污水、医院污水及屠宰肉类加工等污水，含有各类病毒、细菌、寄生虫等病原微生物，流入水体会传播各种疾病。

（6）水体的放射性污染。

水体放射性污染是指放射性物质进入水体而造成的污染。放射性物质主要来自核反应废弃物。放射性污染会导致生物畸变，破坏生物的基因结构及致癌等。核物质衰期很长，且无法处理。

3. 造成水污染的原因

造成水污染的原因有自然的和人为的两方面因素，我们一般所指的水污染是指人为污染。按照污染来源划分，水污染包括生活污水、工业废水、农田排水未经处理而大量排入水体所造成的污染。

（1）工业污染源。

工业污染是对水体产生污染的最主要污染源。它指的是工业企业排出的生产过程中使用过的废水。根据污染物的性质，工业废水可分为以下几种：①含有机物废水，如造纸、制糖、食品加工、染织工业等废水；②含无机物废水，如火力发电厂的水力冲灰废水，采矿工业的尾矿水以及采煤炼焦工业的洗煤水等；③含有毒的化学性物质废水，如化工、电镀、冶炼等工业废水；④含病原体工业废水，如生物制品、制革、屠宰场废水；⑤含有放射性物质废水，如原子能发电厂、放射性矿、核燃料加工厂废水；⑥生产用冷却水，如热电厂、钢厂废水。

（2）生活污染源。

生活污染源主要来自城市，指居民在日常生活中排放各种污水，如洗涤衣物、沐浴、烹调用水，冲洗大小便器等的污水，其数量、浓度与生活用水量有关。生活污水中的腐败有机物排入水体后，使污水呈灰色，透明度低，有特殊的臭味，含有有机物、洗涤剂的残留物、氯化物、磷、钾、硫酸盐等。

（3）农业污染源。

农业污染源主要指的是农药和化肥的不正确使用所造成的污染。如长期滥用有机氯农药和有机汞农药，污染地表水，会使水生生物、鱼贝类有较高的农药残留，加上生物富集，如食用会危害人类的健康和生命。

（4）其他污染源。

油轮漏油或者发生事故（或突发事件）引起石油对海洋的污染，因油膜覆盖水面使水生生物大量死亡，死亡的残体分解可造成水体污染。

（四）水污染的主要危害

1. 对人体健康的危害

污染的水环境危害人类健康，应引起高度关注。生物性污染主要会导致一些传染病，饮用不洁水可引起伤寒、霍乱、细菌性痢疾、甲型肝炎等传染性疾病。此外，人们在不洁水中活动，水中病原体亦可经皮肤、黏膜侵入机体，如血吸虫病、钩端螺旋体病等。物理性和化学性污染会致人体遗传物质突变，诱发肿瘤和造成胎儿畸形。被污染的水中如含有丙烯腈会致人体遗传物质突变；水中如含有砷、镍、铬等无机物和亚硝胺等有机污染物，可诱发肿瘤；甲基汞等污染物可通过母体干扰正常胚胎发育过程，使胚胎发育异常而出现先天性畸形。

2. 对农业、渔业的危害

引用含有有毒、有害物质的污水直接灌溉农田，污染农田土壤，会使土壤肥力下降，土壤原有的良好结构被破坏，以致农作物品质降低、减产，甚至绝收。尤其是在干旱、半干旱地区，引用污水灌溉，在短期内可能有使农作物产量提高的现象，但在粮食作物、蔬菜中往往积累超过允许含量的重金属等有害物质，通过食物链会危害人的健康，甚至使人畜受害。水环境质量对渔业生产具有直接的影响。天然水体中的鱼类与其他水生生物由于水污染而数量减少，甚至灭绝；淡水渔场和海水养殖业也因水污染而使鱼的产量减少。海洋污染的后果也十分严重。

3. 对工业生产的危害

水质污染后，工业用水必须投入更多的处理费用，造成资源、能源的浪费，食品工业用水要求更为严格，水质不合格，会使生产受到影响。这也是工业企业效益不高、质量不好的因素。

4. 水的富营养化的危害

含有大量氮、磷、钾的生活污水的排放，大量有机物在水中降解放出营养元素，促进水中藻类丛生、植物疯长，使水体通气不良，溶解氧下降，甚至出现无氧层，致使水生植物大量死亡、水面发黑、水体发臭形成"死湖""死河""死海"，进而变成沼泽。这种现象称为水的富营养化。富营养化的水臭味大、颜色深、细菌多，这种水的水质差，不能直接利用，水中的鱼类大量死亡。

二、水环境规划的基础

水环境功能区和水污染控制单元的划分、水环境容量的确定等是水环境规划的基础性工作。

水环境规划是指在把水视为人类赖以生存和发展的环境资源条件的前提下，在水环境系统分析的基础上，摸清水质和供需情况，合理确定水体功能，进而对水的开采、供给、使用、处理、排放等各个环境做出统筹度的安排和决策。水环境规划是在水资源危机纷呈的背景下产生和发展起来的，特别是近几十年，由于人口激增、经济猛涨，从而对水量水质的需求越来越高，而水资源却日益枯竭，水污染日趋严重。因此，水环境问题的矛盾越来越尖锐。水环境规划作为解决这一问题的有效手段，受到了普遍的重视，在实践中得到了广泛的应用。

一般认为，水环境规划包括两个有机组成部分：一是水质控制规划；二是水资源利用规划。这两个部分相辅相成、缺一不可，前者以实现水体功能要求为目标，是水环境规划的基础；后者强调水资源的合理利用和水环境保护，以满足国民经济增长和社会发展的需要为宗旨，是水环境规划的落脚点。

水环境规划的主要内容及一般步骤可概述为以下几点：

（1）分析并提出问题，包括水质、水量、水资源利用等方面存在的问题，进而查明问题的根源所在。

（2）确定目标。根据国民经济和社会发展需求，同时考虑客观条件，从水质与水量两个方面拟定目标，做好水环境功能分区。

（3）拟定措施。可供考虑的措施有调整经济结构与布局、提高水资源利用率、增加污水处理措施等。

（4）将各种措施综合起来，提出可供选择的实施方案。在评价、优化的基础上，提出供决策选用的方案。

在水环境规划研究中，要处理好近期与远期、需要与可能、经济与环境等的相互关系，以确保其可操作性。

目前，水环境规划有水环境综合整治规划、水污染物总量控制规划、水污染系统规划等类型，都是针对水质管理的目的，对水污染实施控制的。

三、水环境容量

（一）水环境容量的概念

水环境容量是指在不影响水的正常用途的情况下，水体所能容纳的污染物的量或自身调节净化并保持生态平衡的能力。水环境容量是制定地方性、专业性水域排放标准的依据之一，环境管理部门还利用它确定在固定水域到底允许排入多少污染物。

水环境容量的意义如下：

（1）水环境容量理论上是环境的自然规律参数和社会效益参数的多变量函数；反映污染物在水体中迁移、转化的规律，也满足特定功能条件下对污染物的承受能力。

（2）水环境容量实践上是环境管理目标的基本依据，是水环境规划的主要环境约束条件，也是污染物总量控制的关键参数。容量的大小与水体特征、水质目标、污染物特征有关。水环境容量由两部分组成：稀释环境容量和自净环境容量。稀释容量是指在给定水域的本底污染物浓度低于水质目标时，依靠稀释作用达到水质目标所能承纳的污染物量；自净容量是指由于沉降、生化、吸附等物理、化学和生物作用，给定水域达到水质目标所能自净的污染物量。一般计算容量时用到的水环境质量模型都综合考虑了物理、化学、生物过程，所以并不特别区别这两种环境容量，而是给出环境容量的总体值。

（二）水环境容量的特性

水环境容量的大小与水体特性、水质目标及污染物特性有关，同时还与污染物的排放方式及排放的时空分布有密切关系。水环境容量具有以下特征。

1.资源性

水环境容量是一种自然资源，其价值体现在水环境通过对纳入的污染物的稀释扩散，既容纳一定量的污染物，又不影响水域的使用功能，还能满足人类的生产、生活和生态系统的需要。

2.区域性

由于受各类不同区域的水文、地理、气象条件等因素的影响，不同水域对污染物的物理、化学和生物净化能力存在明显的差异，从而导致水环境容量具有明显的地域特征。

3. 系统性

河流、湖泊等水域一般处在大的流域系统中，水域与陆域、上游与下游、左岸与右岸构成不同尺度的空间生态系统。

环境容量既然是一种资源，就有稀缺性，即它是有限度的、可以被耗尽的。这意味着环境容量资源利用一定要在限度内，否则超过自净能力，就会引发水污染。

四、水污染防治措施

（一）水污染控制规划目标

随着社会经济的发展，我国地表水资源污染程度日趋严重，有些排污单位对污水不经过处理或是处理达不到标准，就直接排入河流中，污染河流水体，致使有的水体已经遭到严重的污染，丧失了原有的使用功能。

水污染控制规划是对水体污染所制定的防治目标和措施。水体的对象可以是江河、湖泊、水库、海湾，范围可以是河段、城市区段、河流、水系河流域等。水污染控制规划的主要内容如下：①水质功能区的规划，按照不同的水质使用功能、水文条件、排污方式、水质自净能力特性，划分水质功能区、监控断面，建立功能区内水质管理信息系统等；②水质目标和污染物总量控制指标规划，规定水质目标与污染物排放的总量控制指标；③治理污水规划，提出推荐的水域污染控制方案，提出分期实施的工程设施和投资概算等。

规划目标包括区域内水环境改善目标、各水环境功能区的水质目标、主要污染物排放总量控制目标和污染治理目标等。区域内水环境改善目标是在分析区域内存在的主要水环境问题的基础上，提出水环境改善的总体设想和计划。

（二）我国水质等级标准

按照《中华人民共和国地表水环境质量标准》（GB 3838—2002），依据地表环境功能和保护目标，我国水质按功能高低依次分为五类：

Ⅰ类主要适用于源头水、国家自然保护区。

Ⅱ类主要适用于集中式生活饮用水地表水源地一级保护区、珍稀水生生物栖息地、鱼虾类产卵场、仔稚幼鱼的索饵场等。

Ⅲ类主要适用于集中式生活饮用水地表水源地二级保护区、鱼虾类越冬场、洄游通道、水产养殖区等渔业水域及游泳区。

Ⅳ类主要适用于一般工业用水区及人体非直接接触的娱乐用水区。

Ⅴ类主要适用于农业用水区及一般景观要求水域。

其中Ⅰ类水质良好,地下水只需消毒处理,地表水经简易净化处理(如过滤)、消毒后即可供生活饮用。

Ⅱ类水质受轻度污染,经常规净化处理(如絮凝、沉淀、过滤、消毒等)后,可供生活饮用。

Ⅲ类水质经过处理后也能供生活饮用。

Ⅲ类以下水质恶劣,不能作为饮用水源。

(三)水污染防治措施

污染综合防治是指从整体出发,综合运用各种措施,对水环境污染进行防治。实施水污染综合防治是十分必要的,因为我国是一个水资源比较缺乏的国家,并且表现为两种:一是资源型缺水;二是水质型缺水。长期以来以点源治理为基础的排污口净化处理,不能有效地解决水污染问题,必须从区域和水系的整体出发进行水污染综合防治,才能从根本上控制水污染,解决水质型缺水的问题。

水污染防治的根本原则是将"防""治""管"结合起来。"防"就是通过有效控制使污染物排放"减量化""最小化"。"治"是指对污水进行有效治理,使其水质达到排放标准。"管"是指污染源、水体及处理设施的管理,以管促治。

水污染综合防治是综合运用各种措施以防治水体污染。防治措施涉及工程的与非工程的两类,主要有以下几种:

1. 减少废水和污染物排放量

减少废水和污染物排放量包括节约生产废水、规定用水定额、改善生产工艺和管理制度、提高废水的重复利用率、采用无污染或少污染的新工艺、制定物料定额等。对缺水的城市和工矿区,发展区域性循环用水、废水再用系统等。

2. 发展区域性水污染防治系统

发展区域性水污染防治系统包括制定城市水污染防治规划、流域水污染防治管理规划,实行水污染物排放总量控制制度,发展污水经适当人工处理后用于灌溉农田和回用于工业,在不污染地下水的条件下建立污水库,枯水期储存污水减少排污负荷、洪水期进行有控制的稀释排放等。

五、水污染处理技术

（一）废水处理概述

废水处理方法按其作用可分为四大类，即物理处理法、化学处理法、物理化学法和生物处理法。

（1）物理处理法，通过物理作用，以分离、回收废水中不溶解的呈悬浮状态污染物质（包括油膜和油珠），常用的有重力分离法、离心分离法、过滤法等。

（2）化学处理法，向污水中投加某种化学物质，利用化学反应来分离、回收污水中的污染物质，常用的有化学沉淀法、混凝法、中和法、氧化还原（包括电解）法等。

（3）物理化学法，利用物理化学作用去除废水中的污染物质，主要有吸附法、离子交换法、膜分离法、萃取法等。

（4）生物处理法，通过微生物的代谢作用，使废水中呈溶液、胶体及微细悬浮状态的有机性污染物质转化为稳定、无害的物质，可分为好氧生物处理法和厌氧生物处理法。

（二）水污染处理方法

1. 物理处理法

物理处理法是通过物理作用，分离、回收污水中不溶解的呈悬浮态的污染物质（包括油膜和油珠）的污水处理法。

（1）调节。

污水的水质和水量一般都随时间的变化而变化。污水的水量和水质的变化对排水设施及污水处理设备，特别是生物处理设备正常发挥其净化功能是不利的，甚至可能破坏这些设备。为此，在污水处理前要设置调节池，对污水的水量、水质进行均衡和调节，使污水处理效果更好。调节池是调节水质和水量的构筑物。

水量与水质调节，主要通过下面的方法解决：

水量调节：污水处理中水量调节有两种调节池：一种为线内调节池；另一种为线外调节池。线内调节池，进水一般采用重力流，出水用泵提升。当污水流量过高时，多余污水用泵打入调节池；线外调节池，设在旁路上。当污水流量低于设计流量时，再从调节池回流至集水井，并送去后续处理。线外调节池与线内调节池相比，不受进水管高度限制，但被调节的水量需要两次提升，消耗动力大。

水质调节：水质调节的任务是将不同时间或不同来源的污水进行混合，使流出的水质比较均匀。水质调节的基本方法有两种：外加动力调节，就是采用外加叶轮搅拌、鼓风空气搅拌及水泵循环等设备对水质进行强制调节；差流方式调节，就是采用差流方式进行强制调节，使不同时间和不同浓度的污水进行水质自身水力混合。

（2）截留法。

在废水的预处理过程中，通常采用格栅与筛网等来拦截废水中较粗大的悬浮物。格栅是用于去除水中较大的漂浮物和悬浮物，以保证后续处理设备正常工作的一种装置。格栅通常由一组或多组平行金属栅条制成的框架组成，倾斜或直立地设立在进水渠道中，以拦截粗大的悬浮物。筛网用以截阻、去除水中更细小的悬浮物。筛网一般用薄铁皮钻孔制成，或用金属丝编制而成，孔眼直径为 0.5~1.0 mm。在河水的取水工程中，格栅和筛网常设于取水口，用以拦截河水中的大块漂浮物和杂草。在污水处理厂，格栅和筛网常设于最前部的污水泵之前，以拦截大块漂浮物及较小物体，以保护水泵及管道不受阻塞。

筛滤是去除废水中粗大的悬浮物和杂物，以保护后续处理设施能正常运行的一种预处理方法。筛滤的构件包括平行的棒、条、金属丝织物、格网或穿孔板。其中由平行的棒和条构成的称为格栅；由金属丝织物、格网或穿孔板构成的称为筛网。它们所去除的物质则称为筛余物。其中格栅去除的是那些可能堵塞水泵机组及管道阀门的较粗大的悬浮物；而筛网去除的是用格栅难以去除的呈悬浮态的细小纤维。

格栅通常由一组或多组平行金属栅条制成的框架组成，倾斜或直立地设立在进水泵站集水井的进口处。格栅按形状不同可分为平面格栅和曲面格栅两种。按格栅条间的间距可分为粗格栅、中格栅和细格栅三种。格栅在应用中可分为固定格栅和活动格栅两种。固定格栅一般由间隔的固定金属栅条构成，污水从间隙中流出。

根据截留物被耙除的方式不同，固定格栅又可分为手耙式格栅和机械清渣格栅两种。机械清渣格栅（简称机械格栅）适用于大型污水处理厂以及需要经常清除大量截留物的场合。

（3）沉淀法。

沉淀是利用水中悬浮颗粒的可沉降性能，在重力作用下使其下沉，以达到固液分离的一种过程，使水质得到澄清。这种方法简单易行，分离效果良好，是水处理的重要工艺，在每一种水处理过程中几乎都不可缺少。

按照水中悬浮颗粒的浓度、性质及其絮凝性能的不同，沉淀现象可分为自由沉淀、絮凝沉淀、拥挤沉淀、压缩沉淀。

①自由沉淀。水中的悬浮固体浓度不高，不具有凝聚的性能，也不互相聚合、干扰，其形状、尺寸、密度等均不改变，下沉速度恒定。当悬浮物浓度不高且无絮凝性时常发生这类沉淀。

②絮凝沉淀。当水中悬浮物浓度不高，但有絮凝性时，在沉淀过程中，颗粒互相凝聚，其粒径和质量增大，沉淀速度加快。

③拥挤沉淀。拥挤沉淀也称集团沉淀、分层沉淀或成层沉淀。当悬浮物浓度较高时，每个颗粒的下沉都受周围其他颗粒的干扰，颗粒互相牵扯形成网状的"絮毯"整体下沉，在颗粒群与澄清水层之间存在明显的界面。沉淀速度就是界面下移的速度。

④压缩沉淀。当悬浮物浓度很高，颗粒互相接触、互相支承时，在上层颗粒的重力作用下，下层颗粒间的水被挤出，污泥层被压缩。

水中颗粒杂质的沉淀，是在专门的沉淀池中进行的。按照沉淀池内水流方向的不同，沉淀池可分为平流式、竖流式、辐流式和斜流式四种。

（4）离心。

离心分离是利用不同物质之间的密度形状大小的差异，用离心力场对悬浮液中的不同颗粒进行分离和提取的物理分离分析技术。

离心技术是利用物体高速旋转时产生强大的离心力，使置于旋转体中的悬浮颗粒发生沉降或漂浮，从而使某些颗粒达到浓缩或与其他颗粒分离的目的。这里的悬浮颗粒往往是指制成悬浮状态的细胞、细胞器、病毒和生物大分子等。离心机转子高速旋转时，当悬浮颗粒密度大于周围介质密度时，颗粒离开轴心方向移动，发生沉降；如果颗粒密度低于周围介质的密度，则颗粒朝向轴心方向移动而发生漂浮。离心机是利用离心力，分离液体与固体颗粒或液体与液体的混合物中各组分的机械。离心机主要用于将悬浮液中的固体颗粒与液体分开，或将乳浊液中两种密度不同又互不相溶的液体分开。特殊的超速管式分离机还可分离不同密度的气体混合物；利用不同密度或粒度的固体颗粒在液体中沉降速度不同的特点，有的沉降离心机还可对固体颗粒按密度或粒度进行分级。

常用的离心方法包括差速离心法、密度梯度离心法和等密度梯度离心法。

①差速离心。差速离心是采用不同的离心速度和离心时间，使沉降速度不同的颗粒分批分离的方法。操作时，采用均匀的悬浮液进行离心，选择好离心力和离心时间，使大颗粒先沉降，取出上清液，在加大离心力的条件下再进行离心，分离较小的颗粒。如此多次离心，使不同大小的颗粒分批分离。差速离心所得到的沉降物含有较多杂质，需经过重新悬浮和再离心若干次，才能获得较纯的分离产物。差速离心主要用于分离大小和密度差异较大的颗粒，操作简单方便，但分离效果较差。

②密度梯度离心。密度梯度离心又称速度区带离心。密度梯度离心是指样品在密度梯度介质中进行的一种沉降速度离心。密度梯度系统是在溶剂中加入一定的梯度介质制成的。梯度的作用是使离心液稳定以减少扩散或得到较为锋利的区带。被离心的物质根据其沉降系数的不同进行分离，同类物质则因分子大的沉降速度快于分子小的物质从而得到分离。离心后，不同大小、不同形状、有一定的沉降系数差异的颗粒在密度梯度溶液中形成若干条界面清晰的不连续区带。各区带内的颗粒较均一，分离效果较好。在密度梯度离心过程中，区带的位置和宽度随离心时间的不同而改变。随着离心时间的加长，区带会因颗粒扩散而越来越宽。为此，适当增大离心力而缩短离心时间，可减少区带扩宽。

③等密度梯度离心。等密度梯度离心又称平衡密度梯度离心。等密度梯度离心虽然是在密度梯度介质中进行的离心，但被分离的物质是依靠它们的密度不同进行分离的。此种离心常用无机盐类制作密度梯度。氯化铯是最常用的离心介质，它在离心场中可自行调节形成浓度梯度并保持稳定。需要离心分离的样品可与梯度介质先均匀混合，离心开始后，梯度介质由于离心力的作用逐渐形成管底浓而管顶稀的密度梯度，与此同时，可以带动原来混合的样品颗粒也发生重新分布，到达与其自身密度相等的梯度层，即到达等密度的位置而获得分离。

（5）过滤。

水经过混凝、沉淀（澄清）处理后，浊度通常小于 10 NTU（浊度单位），这种水还满足不了一些用水的需要。过滤是使废水通过具有孔隙的粒状滤层，从而截留废水的悬浮物，使废水得到澄清达到使用要求的处理工艺。

过滤初期：杂质截留在上面一层滤料中，而下层处于等待状态。过滤中期：上层滤料污泥增多，孔隙减少，水流通道变窄，水流阻力增大，局部水流线速度增加；在水流剪切力的作用下，对已截留污泥的冲刷、剥落作用增强，迫使一部分杂质输送到下层滤料中滤除。过滤末期：截留带进一步向下推进，当截留带前沿接近最底部滤层后，再继续过滤，则出水浊度增加。

为了保证出水水质，控制制水能耗，过滤器通常运行到一定程度：①出水浊度超过规定值限制；②压力超过规定值，停运、实施反冲洗、清除滤层中的污泥，恢复滤料的过滤能力。

2. 化学处理法

（1）中和法。

用化学法去除水中的酸或碱，使其 pH 值达到中性左右的过程称为中和。中和处理的目的主要是避免对水管造成腐蚀，减少对收纳水体中生物的危害，以及对后续采用生物处理时能够保证微生物处于最佳生长环境。含酸废水和含碱废水是两种重要的工业废液。一般而言，酸含量大于 3%，碱含量大于 1% 的高浓度废水称为废酸液和废碱液，这类废液首先要考虑采用特殊的方法回收其中的酸和碱。酸含量小于 5% 或碱含量小于 3% 的酸性废水与碱性废水，回收价值不大，常采用中和处理方法，使其 pH 值达到排放废水的标准。

选择中和方法时应考虑以下因素：①含酸或含碱废水所含酸类或碱类的性质、浓度、水量其变化规律。②应寻找能就地取材的酸性或碱性废料，并尽可能地加以利用。③接纳废水的水体性质和城市下水管道能容纳废水的条件。此外，酸性污水还可根据排出情况及含酸浓度，对中和方法进行选择。

（2）混凝法。

水中的胶体颗粒和悬浮物表面常常有电荷。带有相同电荷的颗粒，会因静电排斥作用而难相互碰撞聚结生成较大的颗粒。向水中投加药剂——混凝剂，混凝剂能在水中生成与胶体颗粒表面电荷相反的荷电物质，从而能中和胶体带的电荷，减小颗粒间的排斥力，促使胶体及悬浮物聚结成易于下沉的大的絮凝体，这种水处理方法称为混凝。将具有链状构造的高分子物质投入水中，高分子物质的链状分子能吸附于胶体和悬浮物颗粒表面，将两个以上的颗粒连接起来，构成一个更大的颗粒，当生成的絮体颗粒足够大时，便易于沉淀下来而从水中除去。

影响混凝的主要因素有水温、水的 pH 值、水利条件、高分子絮凝剂的性质和结构以及混凝剂的用量。混凝法的关键是混凝剂和助凝剂种类。混凝剂包括无机、有机和高分子三种，选择混凝剂和助凝剂的原则是价格便宜、易得、用量少、效率高、沉淀密实、沉淀速度快、易与水分离等。目前，采用最多的是铝盐、铁盐、高分子 PAM、阳离子聚合物等。助凝剂有酸、碱、活性硅酸、活性炭和各种黏土、氧化剂、液氯等。

（3）化学沉淀法。

化学沉淀法的原理是通过化学反应使废水中呈溶解状态的重金属（如 Hg、Zn、Cd、Cr、Pb、Cu 等）和某些非金属（如 As、F 等）离子态污染物转变为不溶于水的重金属化合物。通过过滤和分离使沉淀物从水溶液中去除。由于受沉淀剂和环境条件的影响，沉淀法往往出水浓度达不到要求，需做进一步处理，产生的沉淀物必须很好地处理与处置，否则会造成二次污染。根据采用的沉淀剂和反应生成物不同，可将重金属化学沉淀法分为氢氧化物沉淀法、硫化物沉淀法、铁氧体沉淀法、钡盐沉淀法和淀粉黄原酸酯沉淀法等。

（4）氧化还原法。

对水中的有毒物质进行氧化或还原，使这些物质经过氧化或还原后转化为无害或无毒的存在状态，或使之转化为容易从水中分离去除的形态，称为氧化法或还原法。在氧化还原反应中，参加化学反应的原子或离子有电子得失，因而引起化合价的升高或降低。失去电子的过程叫氧化，得到电子的过程叫还原。

根据有毒有害物质在氧化还原反应中被氧化或还原的不同，废水中的氧化还原法又可分为药剂氧化法和药剂还原法两大类。在废水处理中常采用的氧化剂有氧、纯氧、臭氧、氯气、漂白粉、次氯酸钠、三氯化铁等，常用的还原剂有硫酸亚铁、氯化亚铁、铁屑、锌粉、二氧化硫等。药剂氧化法中常用的方法有臭氧氧化法、氯氧化法、高锰酸钾氧化法等。

臭氧的氧化性在天然元素中仅次于氟，可分解一般氧化剂难以破坏的有机物，并且不产生二次污染。因此广泛地用于消毒、除臭、脱色及除酚、氰、铁、锰等。臭氧氧化处理系统中的主要设备是臭氧接触反应器。

在氯氧化法中的氯系氧化剂包括氯气、氯的含氧酸及钠盐、钙盐和二氧化氯。除了用于消毒外，氯氧化法还可用于氧化废水中的某些有机物和还原性物质，如氰化物、硫化物、酚、醇、醛、油类，以及用于废水的脱色、除臭等，如氧化氰化物。在 pH 值大于 8.5 的碱性条件下用氯气进行氧化，可将氰化物氧化成无毒物质。

高锰酸钾氧化法主要用于去除废水中的酚、二氧化硫等。在饮用水的处理中，这种方法主要用来杀灭藻类、除臭、除味、除铁、除锰等。该法的优点是处理后的水没有异味，氧化剂容易投配。其主要缺点是处理成本高。

药剂还原法主要用于处理含铬、含汞废水。通过还原可将六价铬转化为三价铬，大大减小了铬的毒性。还原过程：在酸性条件下，向含铬废水中投加亚硫酸氢钠，将六价铬还原为三价铬。随后投加石灰或氢氧化钠，生成氢氧化铬沉淀。将沉淀物从废水中分离出来，达到处理的目的。

（5）吹脱法。

吹脱法的基本原理：将空气通入废水中，改变有毒有害气体溶解于水中所建立的气液平衡关系，使这些挥发物质由液相转为气相，然后进行收集或者扩散到大气中。吹脱过程属于传质过程，其推动力为废水中挥发物质的浓度与大气中该物质的浓度差。

吹脱法用于去除废水中的 CO_2、H_2S、HCN、CS_2 等溶解性有毒有害气体。吹脱曝气既可以脱除原来存于废水中的溶解气体，也可以脱除化学转化形成的溶解气体。例如，废水中的硫化钠和氰化钠是固态盐在水中的溶解物，在酸性条件下，由于它们离解生成的 S^{2-} 和 CN^- 能和 H^+ 反应生成 H_2S 和 HCN，经过曝气吹脱，就可以将它们以气体形式脱除。这种吹脱曝气称为转化吹脱法。在用吹脱法处理废水的过程中，污染物不断地由液相转为气相，易引起二次污染，防止的方法有以下三类：中等浓度的有害气体，可以导入炉内燃烧；高浓度的有密气体应回收利用；符合排放标准时，可以向大气排放。吹脱设备类型很多，经常使用的为强化式吹脱池（鼓泡池）和塔式吹脱装置（吹脱塔）。

（6）萃取法。

萃取法的基本原理：为了回收废水中的溶解物质，向废水中投加一种与水互不相溶，但能良好溶解污染物的溶剂，使其与废水充分混合接触。由于污染物在该溶剂中的溶解度大于在水中的溶解度，因而大部分污染物转移到溶剂相中。然后分离废水和溶剂，即可使废水得到净化。若再将溶剂与其中的污染物分离，即可使溶剂再生，而分离的污染物可回收利用。

在选取萃取剂时，一般应考虑以下几个方面的因素：①萃取能力大，即分配系数要大；②萃取剂物理性质密度、界面张力、黏度适中；③化学稳定性好，难燃难爆，毒性小，腐蚀性低，闪点高，凝固点低，蒸汽压小，便于室温下储存和使用；④来源较广，价格便宜；⑤容易再生和回收溶剂。

萃取过程是一个传递过程，需要提高过程的速率。可采取增大两相接触面积：采用喷淋、鼓泡、产生泡沫等方式；提高推动力增大浓度差，增大萃取剂量和采用逆流萃取方式；增大流体的湍动程度：加强搅拌，达到提高传质系数的目的。萃取的方法有：①溶剂萃取，利用溶质在互不相容的两种液体之间分配系数的不同来达到分离和富集的目的。②化学萃取，利用可与被萃目标物发生反应的非极性物质作为萃取剂进行的反应。③物理萃取，利用溶剂对需分离组分有较高的溶解能力，该分离过程纯属物理过程。

萃取工艺包括混合、分离和回收三个主要工序。生产实际中应用的萃取工艺有单级萃取、多级错流萃取和连续逆流萃取。连续逆流萃取设备常用的有转盘塔和离心萃取机等。

溶剂反萃取利用合适的水相溶液，破坏萃取络合物的结构，使它从疏水性转变为亲水性，从而使被萃取物从有机相转移到水相中去，这就是萃取的逆过程。萃取后的萃取相需经再生，将萃取物分离后，萃取剂可继续使用，减少工业处理成本。常用的再生方法有蒸馏法和结晶法，蒸馏法属于物理法，而结晶法则属于化学法。①蒸馏法：当萃取相中各组分沸点相差较大时，最宜采用蒸馏法分离。例如，用乙酸丁酯萃取废水中的单酚时，溶剂沸点为116 ℃，而单酚沸点为181.0~202.5 ℃，两相沸点相差较大，可用蒸馏法分离。根据分离目的，可采用简单蒸馏或精馏，设备以浮阀塔效果较好。②结晶法：投加某种化学药剂使其与溶质形成不溶于溶剂的盐类。例如，用碱液反萃取法萃取相中的酚，形成酚钠盐结晶析出，从而达到两者分离的目的。

3. 物化法

（1）气浮法。

气浮法也称浮选法，是从液体中除去低密度固体物质或液体颗粒的一种方法。通过空气鼓入水中产生的微小气泡与水中的悬浮物黏附在一起，靠气泡的浮力一起上浮到水面而实现固液或液液分离的操作。其处理对象是靠自然沉降或上浮难以去除的乳化油或相对密度接近于1的微小悬浮颗粒。浮选过程包括微小气泡的产生、微小气泡与固体或液体颗粒的黏附及上浮分离等步骤。实现浮选分离必须满足两个条件：一是必须向水中提供足够数量的微小气泡；二是必须使气泡黏附于分离的悬浮物而上浮达到分离。后者是气浮最基本的条件。气浮法按微小气泡产生方法的不同，可分为电解气浮法、充气浮法和溶气浮法三类。

（2）吸附法。

一种物质（吸附质）附着在另一种物质（吸附剂）表面上的过程称为吸附。使水（或废水）与固体接触剂相接触，并使污染物吸附于吸附剂上，然后再将水（或废水）与吸附剂进行分离，最终可使污染物从水中被分离出去。吸附过程既可发生在液－固之间，又可发生在气－固或气－液之间。吸附法可有效完成对水的多种净化功能，如脱色、脱臭、脱除重金属离子、放射性元素，脱除多种难以用一般方法处理的剧毒或难被生物降解的有机物等。利用吸附法进行水处理，具有适应范围广、处理效果好、可回收有用物料、吸附剂可再生利用等特点；同时吸附法对进水的预处理要求较为严格，系统庞大、操作复杂、运行费用较高。

（3）离子交换法。

离子交换法是用离子交换剂上的离子和水中离子进行交换从而除去水中有害离子的方法。离子交换剂是一种不溶于水的固体颗粒状物质，它能够从电解质溶液中吸收某种阳离子或阴离子，而把本身所含有的另一种相同电荷的离子等量地释放到溶液中去，即与溶液中的离子进行等量的离子交换。按照所交换的离子种类，离子交换剂可分为阳离子交换剂和阴离子交换剂两大类。离子交换法在工业废水中可用于去除或回收各种重金属，以及放射性废水的处理。

（4）电渗析。

电渗析是在外加直流电场的作用下，利用离子交换膜的选择透过性（阳膜只允许阳离子透过，阴膜只允许阴离子透过），使水中阴阳离子做定向移动，从而达到离子从水中分离的一种物理化学过程。电渗析法常用于水中脱盐，例如，进行苦咸水的淡化，或为制作纯水的前处理等。

（5）反渗透。

如果把纯水和水溶液用半透膜隔开，半透膜只容许水透过而不容许溶质透过，这时就可以看到水透过膜流动的现象。若是纯水和溶液都处于同一压力下，则水将透过膜从纯水一侧流入溶液的另一侧，这种现象称为渗透。在不附加外力的情况下，渗透现象一直进行到溶液一侧的水面高出纯水一侧水面的高度产生的静水压力恰可抵消水由纯水向溶液流动的趋势，在溶液一侧外加的压力若超过溶液的渗透压，就会产生一种相反的现象，使渗透改变方向，溶液一侧的水将透过膜而流向纯水的一侧，这种现象称为反渗透。反渗透可用于海水和苦咸水淡化，在工业废水处理中也可用于有用物质的浓缩回收。反渗透膜多为致密膜、非对称膜和复合膜，目前用于水处理的反渗透膜主要有醋酸纤维素（CA）膜和芳香族聚酰胺膜两大类。

（6）超滤。

超滤又称超过滤，用于截留水中胶体大小的颗粒，而水和低分子量溶质则允许透过膜。其机理是用筛孔分离，因此可根据去除对象选择超滤膜的孔径。当膜的孔径增大到 0.2 μm 以上时，称为微滤膜。水经微滤膜过滤时，微滤膜通过筛选作用，可去除尺寸大于膜孔的颗粒物，而尺寸小于膜孔的无机盐和有机物都难以被截留，细菌也只能被部分地截留，所以微滤膜主要能去除颗粒尺寸比膜孔更大的黏土、悬浮物、藻类、原生生物等。

第三节　噪声污染防治

一、噪声污染概述

（一）噪声的定义

噪声是发声体做无规则振动时发出的声音，声音由物体振动引起，以波的形式在一定的介质（如固体、液体、气体）中进行传播，这种声波超过一定的度，就形成了噪声。通常噪声污染是人为造成的。从生理学观点来看，凡是干扰人们休息、学习和工作的声音，即不需要的声音，统称为噪声。当噪声对人及周围环境造成不良影响时，就形成了噪声污染。产业革命以来，各种机械设备的创造和使用，给人类带来了繁荣和进步，但同时也产生了越来越多、越来越大的噪声。

随着近代工业的发展，环境污染类型也随之增多，噪声污染就是环境污染的一种，其已经成为人类的一大危害。噪声污染与水污染、大气污染、固体废弃物污染被看成是世界范围内四个主要环境问题。

物理上噪声是声源做无规则振动时发出的声音。从环保的角度看，凡是影响人们正常的学习、生活、休息等的一切声音，都称为噪声。

声音由物体振动引起，以波的形式在一定的介质（如固体、液体、气体）中进行传播。我们通常听到的声音为空气声。一般情况下，人耳可听到的声波频率为 20~20 000 Hz，称为可听声；低于 20 Hz，称为次声波；高于 20 000 Hz，称为超声波。我们所听到声音的音调的高低取决于声波的频率。高频声听起来尖锐，而低频声给人的感觉较为沉闷。声音的大小、强弱是由声波的幅度决定的。从物理学的观点来看，噪声是由各种不同频率、不同强度的声音杂乱、无规律的组合而成的；乐音则是和谐的声音。

判断一个声音是否属于噪声，仅从物理学角度判断是不够的，主观上的因素往往起着决定性的作用。例如，美妙的音乐对正在欣赏音乐的人来说是乐音，但对于正在学习、休息或集中精力思考问题的人来说可能是一种噪声。即使同一种声音，当人处于不同状态、不同心情时，对声音也会产生不同的主观判断，此时声音可能成为噪声或乐音。因此，从生理学观点来看，凡是干扰人们休息、学习和工作的声音，即不需要的声音，统称为噪声。当噪声对人及周围环境造成不良影响时，就形成噪声污染。

（二）噪声的来源

（1）交通噪声包括机动车辆、船舶、地铁、火车、飞机等的噪声。由于机动车辆数目的迅速增加，使得交通噪声成为城市的主要噪声源。

（2）工业噪声，即工厂的各种设备产生的噪声。工业噪声的声级一般较高，会给工人及周围居民带来较大的影响。

（3）建筑噪声是主要来源于建筑机械发出的噪声。建筑噪声的特点是强度较大，且多发生在人口密集地区，因此会严重影响居民的休息与生活。

（4）社会噪声包括人们的社会活动和家用电器、音响设备发出的噪声。这些设备的噪声级虽然不高，但由于和人们的日常生活联系密切，使人们在休息时得不到安静，尤为让人烦恼，极易引起邻里纠纷。

（三）噪声的特性

噪声是一种公害，具有公害的特性，同时它作为声音的一种，也具有声学特性。

1. 噪声的公害特性

由于噪声属于感觉公害，所以它与其他有害有毒物质引起的公害不同。首先，它没有污染物，即噪声在空中传播时并未给周围环境留下什么毒害性的物质；其次，噪声对环境的影响不积累、不持久，传播的距离也有限；噪声声源分散，而且一旦声源停止发声，噪声也就消失。因此，噪声不能集中处理，需用特殊的方法进行控制。

2. 噪声的声学特性

简单地说，噪声就是声音，它具有一切声学的特性和规律。但是噪声对环境的影响和它的强弱有关，噪声越强，影响越大。衡量噪声强弱的物理量是噪声级。

（四）噪声的危害

噪声污染对人、动物、仪器仪表以及建筑物均构成危害。其危害程度主要取决于噪声的频率、强度及暴露时间。噪声危害主要包括噪声对听力的损伤。

1. 对人体的危害

噪声对人体最直接的危害是听力损伤。人们在进入强噪声环境时，暴露一段时间，就会感到双耳难受，甚至会出现头痛等感觉。离开噪声环境到安静的场所休息一段时间，听力就会逐渐恢复正常。这种现象叫作暂时性听阈偏移，又称听觉疲劳。但是，如果人们长期在强噪声环境下工作，听觉疲劳不能得到及时恢复，则内耳器官会发生器质性病变，即形成永久性听阈偏移，又称噪声性耳聋。若人突然暴露于极其强烈的噪声环境中，听觉器官会发生急剧外伤，引起鼓膜破裂出血，迷路出血，螺旋器从基底膜急性剥离，可能使人耳完全失去听力，即出现爆震性耳聋。

有研究表明，噪声污染是引起老年性耳聋的一个重要原因。此外，听力损伤也与生活的环境及从事的职业有关，如农村老年性耳聋发病率较城市低。但纺织厂工人、锻工及铁匠与同龄人相比听力损伤更多。

噪声能诱发多种疾病。因为噪声通过听觉器官作用于大脑中枢神经系统，以致影响全身的各个器官，故噪声除对人的听力造成损伤外，还会给人体的其他系统带来危害。由于噪声的作用，会产生头痛、耳鸣、失眠、全身疲乏无力以及记忆力减退等神经衰弱症状。长期在高噪声环境下工作的人与低噪声环境下的人相比，高血压、动脉硬化和冠心病的发病率要高 2~3 倍，可见噪声会导致心血管系统疾病。噪声也可导致消化系统功能紊乱，引起消化不良、食欲不振、恶心呕吐，使肠胃病和溃疡病发病率升高。此外，噪声对视觉器官、内分泌机能及胎儿的正常发育等方面也会产生一定影响。在高噪声中工作和生活的人们，一般健康水平逐年下降，对疾病的抵抗力减弱，诱发一些疾病，影响程度也和个人的体质因素有关，不可一概而论。

2. 噪声对动物的影响

噪声能对动物的听觉器官、视觉器官、内脏器官及中枢神经系统造成病理性变化。同时，噪声对动物的行为有一定的影响，可使动物失去行为控制能力，出现烦躁不安、失去常态等现象，强噪声甚至会引起动物死亡。鸟类在噪声中会出现羽毛脱落，影响产卵率等情况。

噪声对动物行为的影响，严重的可导致痉挛。实验证明，动物在噪声场中会失去行为控制能力，不但烦躁不安，而且失去常态。如在 165 dB 噪声场中，大白鼠会疯狂蹿跳、互相撕咬和抽搐，然后就僵直地躺倒。

噪声对动物听觉和视觉的影响。豚鼠暴露在 150~160 dB 的强噪声场中，它的耳郭对声音的反射能力便会下降甚至消失。在噪声暴露时间不变的情况下，随着噪声声压级的增高，耳郭的反射能力明显减小或消失，而听力损失程度也越严重。

噪声引起动物的病变。豚鼠在强噪声场中体温会升高，心电图和脑电图存在明显异常情况，心电图有类似心力衰竭现象。在强噪声场中脏器严重损伤的豚鼠，在死亡前记录的脑电图表现为波律变慢，波幅趋于低平。经强噪声作用后，豚鼠外观正常，皮下和四肢并无异常状况，但通过解剖检查却可以发现，几乎所有的内脏器官都受到损伤。两肺各叶均有大面积瘀血、出血和瘀血性水肿。在胃底和胃部有大片瘀斑，严重的呈弥漫性出血甚至胃黏膜破裂，更严重的则是胃部大面积破裂。盲肠有斑片状或弥漫性瘀血和出血，整段盲肠呈紫褐色。其他脏器也有不同程度的瘀血和出血现象。

噪声引起动物死亡。大量实验表明，强噪声场能引起动物死亡。噪声声压级越高，使动物死亡的时间越短。例如，170 dB 噪声大约 6 min 就可能使半数受试的豚鼠致死。对于豚鼠，噪声声压级增加 3 dB，半数致死时间相应减少一半。

3. 特强噪声对仪器设备和建筑结构的危害

实验研究表明，特强噪声会损伤仪器设备，甚至使仪器设备失效。噪声对仪器设备的影响与噪声强度、频率以及仪器设备本身的结构与安装方式等因素有关。当噪声级超过 150 dB 时，会严重损坏电阻、电容、晶体管等元件。当特强噪声作用于火箭、宇航器等机械结构时，由于受声频交变负载的反复作用，会使材料产生疲劳现象而断裂，这种现象叫作声疲劳。

4. 噪声对建筑物的影响

一般的噪声对建筑物几乎没有什么影响，但是噪声级超过 140 dB 时，对轻型建筑开始有破坏作用。例如，当超声速飞机在低空掠过时，在飞机头部和尾部会产生压力和密度突变，经地面反射后形成 N 形冲击波，传到地面时听起来像爆炸声，这种特殊的噪声叫作轰声。在轰声的作用下，建筑物会受到不同程度的破坏，如出现门窗损伤、玻璃破碎、墙壁开裂、抹灰震落、烟囱倒塌等。由于轰声衰减较慢，因此传播较远，影响范围较广。此外，在建筑物附近使用空气锤、打桩或爆破，也会导致建筑物的损伤。

二、城市噪声控制功能区划分

我国在《城市区域环境噪声标准》（GB 3096—93）和《城市区域环境噪声适用区划分技术规范》（GB/T 15190—94）中规定了城市五类环境噪声标准及其适用区域划分（简称"噪声区划"）的原则和方法，适用于城市规划区。这里的城市指国家按行政建制设立的直辖市、市、镇。城市规划区指城市市区、近郊区及城市行政区域内因城市建设和发展需要实行规划控制的区域，其具体范围由城市人民政府在编的城市总体规划中划定。噪声区划单元指在噪声区划工作中，由道路、河流、沟壑等明显线状地物和绿地等围成的城市结构、市局和环境状况相近的居、街委会或小区。

（一）各类标准适用区域

0 类标准适用区域——疗养区、高级宾馆区和别墅区等特别需要安静的区域。

1 类标准适用区域——居民区、文教区、居民集中区以及机关、事业集中的区域。

2 类标准适用区域——居住、商业与工业混合区，规划商业区。

3 类标准适用区域——规划工业区和仓储物流为主的工业集中地带。

4 类标准适用区域——城市道路中交通干线两侧区域；穿越城区的内河航道两侧区域；穿越城区的铁路主、次干线和轻轨交通道路两侧区域。

（二）噪声区划的基本原则

有效地控制噪声污染的程度和范围，提高声环境质量，保障城市居民正常生活、学习和工作场所的安静；以城市规划为指导，按区域规划用地的主导功能确定噪声区划，便于城市环境噪声管理和促进噪声治理；有利于城市规划的实施和城市改造，做到区划科学合理，促进环境、经济、社会协调一致发展；噪声区划宜粗不宜细，宜大不宜小。

（三）噪声区划的主要依据

GB 3096 中各类标准是噪声区划的重要依据；城市性质、结构特征、城市总体规划、分区规划、近期规划和城市规划用地现状，特别是城市的近期规划和城市规划用地现状等也是区划的主要依据；区域环境噪声污染特点和城市环境噪声管理的要求是区划的主要考虑因素；同时要兼顾城市的行政区划及城市的自然地貌。

（四）噪声区划程序

准备噪声区划工作资料包括城市总体规划、分区规划、城市用地统计资料、声环境质量状况统计资料和比例适当的工作底图；确立噪声区划单元，划定各区划单元的区域类型；将城市规划且已形成一定规模的各类规划区分别划定相应的标准适用区域；对未能确定的单元统计城市 A、B、C 三类用地比例，按各区划单元的区域类型划定；划定 4 类标准适用区域；把多个区域类型相同且相邻的单元连成片，充分利用街、区行政边界、规划小区边界、道路、河流、沟壑、绿地等自然地形作为区域边界；对初步划定的区划方案进行分析，并进行适应性调整和优化；征求环保、规划、城建、公安、基层政府等部门对噪声区划方案的意见；确定噪声区划方案；绘制噪声区划图；系统整理区划工作报告、区划方案、区划图等资料报上级环境保护行政主管部门验收；地方环境保护行政主管部门将区划方案报当地人民政府审批、公布实施。

（五）噪声区划方法

0 类标准适用于区域划分：0 类标准适用区域是指特别需要安静的疗养区、高级宾馆和别墅区。该区域内及附近区域应无明显噪声源，区域界限明确，原则上面积不得小于 0.5 km^2。

1~3 类标准适用于区域的划分：城市规划明确划定且已形成一定规模的各类规划区，根据其区域位置和范围确定相应的标准适用区域。未能确定的区域则按以下方法划分。

区划指标符合下列条件之一的划为 1 类标准适用区域：A 类用地占地率大于

70%（含 70%）；A 类用地占地率在 60%~70% 之间（含 60%），B 类与 C 类用地占地率之和小于 20%±5%。

区划指标符合下列条件之一的划为 2 类标准适用区域：A 类用地占地率在 60%~70% 之间（含 60%），B 类与 C 类用地占地率之和大于 20%±5%；A 类用地占地率在 35%~60% 之间（含 35%）；A 类用地占地率在 20%~35% 之间（含 20%），B 类与 C 类用地占地率之和小于 60%±5%。

区划指标符合下列条件之一的划为 3 类标准适用区域：A 类用地占地率在 20%~35% 之间（含 20%），B 类与 C 类用地占地率之和大于 60%±5%；A 类用地占地率小于 20%。

噪声区别用地指标是反映区域主导功能，由城市用地分类归纳成的三类用地。其中 A 类用地含各类居住、行政办公、医疗卫生及教育科研设计用地；B 类用地含各类工业和仓储用地；C 类用地含对外交通、道路广场和交通设施用地。

4 类标准适用区域的划分。道路交通干线两侧区域的划分：若临街建筑以高于三层楼房以上（含三层）的建筑为主，将第一排建筑物面向道路一侧的区域划为 4 类标准适用区域；若临街建筑以低于三层楼房建筑（含开阔地）为主，将道路红线外一定距离内的区域划为 4 类标准适用区域。

铁路（含轻轨）两侧区域的划分：城市规划确定的铁路（含轻轨）用地范围外一定距离以内的区域划为 4 类标准适用区域。

内河航道两侧区域的划分：根据河道两侧建筑物形式和相邻区域的噪声区划类型，将河堤护栏或堤外坡脚外一定距离以内的区域划分为 4 类标准适用区域。

（六）其他规定

大型公园、风景名胜区和旅游度假区等套划为 1 类标准适用区域；大工业区中的生活小区，从工业区中划出，根据其与生产现场的距离和环境噪声污染状况，定为 2 类或 1 类标准适用区域；区域面积原则上不小于 1 km²，山区等地形特殊的城市，可根据城市的地形特征确定适宜的区域面积；各类区域之间不划过渡地带；近期内区域功能与规划目标相差较大的区域，以近期的区域规划用地主导功能作为噪声区划的主要依据；随着城市规划的逐步实现，及时调整噪声区划方案；未建成的规划区内，按其规划性质或按区域声环境质量现状、结合可能的发展划定区域类型。

三、噪声污染控制

（一）噪声的控制

我国心理学界认为，控制噪声环境，除了考虑人的因素之外，还须兼顾经济和技术上的可行性。充分的噪声控制，必须考虑噪声源、传音途径、受音者所组成的整个系统。控制噪声的措施可以针对上述三个部分或其中任何一个部分。噪声控制的内容包括以下几种。

1. 降低声源噪声

在声源处降低噪声源本身的噪声是治本的方法。工业、交通运输业可以选用低噪声的生产设备和改进生产工艺，或者改变噪声源的运动方式（如用阻尼、隔振等措施降低固体发声体的振动）。所谓改变工艺过程，即是用噪声小的设备代替噪声大的设备。比如，用液压代替冲压、用斜齿轮代替直齿轮、用焊接代替铆接等。

2. 在传播途径上降低噪声

控制噪声的传播，改变声源已经发出的噪声传播途径，如采用吸音、隔音、音屏障、隔振等措施，以及合理规划城市和建筑布局等。

3. 受音者或受音器官的噪声防护

在声源和传播途径上无法采取措施，或采取的声学措施仍不能达到预期效果时，就需要对受音者或受音器官采取防护措施，如长期职业性噪声暴露的工人可以戴耳塞、耳罩或头盔等护耳器。

为了防止噪声，我国著名声学家马大猷教授曾总结和研究了国内外现有各类噪声的危害和标准，提出了三条建议：

（1）为了保护人们的听力和身体健康，噪声的允许值在 75~90 dB；

（2）保障交谈和通信联络，环境噪声的允许值在 45~60 dB；

（3）对于睡眠时间建议在 35~50 dB。

（二）防治噪声污染的方法

（1）声波在传播中的能量是随着距离的增加而衰减的，因此使噪声源远离需要安静的地方，可以达到降噪的目的。

（2）声波的辐射一般有指向性，处在与声源距离相同而方向不同的地方，接收到的声强度也就不同。不过多数声源以低频辐射噪声时，指向性很差，具有全向性特征；随着频率的增加，指向性就增强。因此，控制噪声的传播方向（包括改变声源的发射方向）是降低噪声尤其是高频噪声的有效措施。

（3）建立隔声屏障，或利用天然屏障（土坡、山丘），以及利用其他隔声材料和隔声结构来阻挡噪声的传播。

（4）应用吸声材料和吸声结构，将传播中的噪声声能转变为热能等。

（5）在城市建设中，采用合理的城市防噪声规划。此外，对于固体振动产生的噪声采取隔振措施，以减弱噪声的传播。

（三）几种典型减噪措施

1.建筑物减噪措施

噪声对人的影响和危害与噪声的强弱程度有直接关系。在建筑物中，为了减小噪声而采取的措施主要是隔声、吸声和消声。

（1）隔声。

设置适当的屏蔽物能够使大部分声能反射回去，将声源隔离，防止声源产生的噪声向室内传播，如隔声墙、隔声屏障、隔声罩、隔声间等，一般能降低噪声级 15~20 dB。隔声窗通常采用两层以上的玻璃，中间夹空气层的结构来提高隔声效果；当声源较多时，一般采用隔声间控制噪声最为有效。在马路两旁种树，对两侧住宅就可以起到隔声作用。在建筑物中将多层密实材料用多孔材料分隔而做成的夹层结构，也能起到很好的隔声效果。

（2）吸声。

吸声是控制室内噪声常用的技术措施，主要利用吸声材料和吸声结构来吸收声能。常用的吸声材料主要是多孔吸声材料，如玻璃棉、矿棉、膨胀珍珠岩、穿孔吸声板等。材料的吸声性能决定于它的粗糙性、柔性、多孔性等因素。一般情况下，吸声控制能使室内噪声降低 3~5 dB，使噪声严重的车间降低 6~10 dB。多孔吸声材料是目前应用最为广泛的吸声材料。吸声结构的吸声机理是利用亥姆霍兹共振吸声，常用的吸声结构有薄板共振吸声结构、穿孔板共振吸声结构与微穿孔板共振吸声结构。另外，建筑物周围的草坪、树木等也都是很好的吸声材料，所以我们种植花草树木，不仅美化了我们生活和学习的环境，同时也防治了噪声对环境的污染。

（3）消声。

利用消声器来降低空气中声的传播。消声器允许气流通过，又能有效阻止或减弱噪声向外传播，性能优良的消声器可使气流噪声降低 20~40 dB，故在噪声控制中得到了广泛应用。按照消声机理可将消声器分为阻性消声器、抗性消声器、阻抗混合式消声器、微穿孔板消声器和扩散消声器等五大类。阻性消声器对中、高频噪声的控制效果较好，抗性消声器对低频噪声的控制效果较好，但频段较窄，所需结构较重、体积较大。

2. 道路交通噪声的控制

实现降低道路交通噪声必须采取综合防治措施，从源头上进行控制，主要包括规划措施、管理措施和控制技术，需要环保、交通、城建三个部门的共同努力。从控制噪声源、阻隔传播途径、距离控制等多角度对公路交通噪声进行控制，只有综合治理才能最大限度地控制交通噪声污染。具体来讲，可以采用设置声屏障、临街建筑防护、低噪声路面、凹槽路面、机动车辆噪声控制和绿化降噪措施等来进行控制。

（1）设置声屏障。

设置声屏障主要是在道路两侧设置绿化带降低噪声。广义上来讲，声屏障可以分为声障墙和防噪堤。防噪堤一般用于路堑或有挖方地区，公路的土方不必运走可直接用作防噪堤，在土堤上栽种植被形成景观。声屏障的另一种方式为声障墙，这又可分为吸声式和反射式两种。吸声式主要采用多孔吸声材料来降低噪声；反射式声障墙主要是对噪声声波的传播进行漫反射，降低保护区域噪声。声屏障的优点是节约土地，降噪比较明显。由于可采用拼装式，故有可拆换的优点。不足：声屏障使行车有压抑及单调的感觉，造价较高，如使用透明材料，又易发生炫目和反光现象，同时还要经常清洗。如找不到更有利的公路路线，则要修建声屏障，将公路与住宅区隔开。

（2）修建低噪声路面，减少轮胎与路面接触噪声。

对于中小型汽车，随着行驶速度的提高，轮胎噪声在汽车产生的噪声中的比例越来越大。一般来说，当车速超过 50 km/h 时，轮胎与路面接触产生的噪声，就成为交通噪声的主要组成部分。而企图简单地采用限制车速的办法来降低噪声是行不通的，这样对沿线周围环境的影响就非常严重。因此，直接修建低噪声路面就很有意义。所谓低噪声路面，也称多孔隙沥青路面，又称为透水（或排水）沥青路面。它是在普通的沥青路面或水泥混凝土路面或其他路面结构层上铺筑一层具有很高孔隙率的沥青稳定碎石混合料，其孔隙率通常在 15%~25%，有的甚至高达 30%。与普通的沥青混凝土路面相比，此种路面可降低道路噪声 3~8 dB。采用这种路面是降低道路噪声、保护环境的一项重要措施。其优点是：一方面可降低轮胎与路面接触产生的噪声，尤其当车速超过 50 km/h 时或雨天，降噪效果更显著；另一方面也能使渗入路面内的水迅速排出，提高路面的抗滑能力，在雨天能提高行驶的安全性。不足：在使用过程中，孔隙会被雨水所携带的尘埃或路面丢弃物堵塞一部分，路面在较长时间后，降噪效果将有所下降。此外，大孔隙率所带来的不利影响也是显而易见的：耐久性差、集料、黏结料要求高，水稳定性要求高，对路面结构的强度造成不利影响。这些都对低噪声路面设计和施工提出了更高要求。既要降低噪声污染，又要保证沥青稳定。

减少或消灭噪声源的措施，还应包括改进汽车的设计、减少或限制载重汽车进入噪声控制区域、禁鸣喇叭等。近年来，我国汽车工业有了很大发展，尤其是在汽车的功能和性能方面。但和国外先进国家相比，仍有较大差距，尤其是对降低汽车行驶噪声的问题重视不够，在降低噪声方面所取得的成效极为有限。

合理规划城市道路，实施必要的环境保护法规也是能够改善道路交通噪声污染的两条措施，用国家法律的手段解决道路交通污染的问题。

交通噪声的降低可通过汽车本身构造的改善和采取降噪措施而获得。上述几种措施不失为可行的对策。如果在一定的场合，几种措施一起使用进行综合治理，效果更为明显。例如，既铺设低噪声路面，在路边又修建吸声屏障，在吸声屏障外侧再种植降噪绿化林带，这样在治理交通噪声的同时，又能达到治理空气污染、美化环境的综合效果。在一般的路段则可视具体情况，采用某一措施。例如，在高速公路路堤外的两侧，种植生长迅速、四季常绿、枝叶茂盛的树林带。当经过噪声较敏感区如居民区、集镇时，增加采用声屏障，在路堤上，可主要采用声障墙。

我国道路交通发展迅速，促进了我国国民经济的迅速发展，但同时也带来了诸多问题，特别是道路交通噪声问题。而道路交通噪声的污染防治是一项系统工程，需从总体上把握，从道路和区域规划、项目建设和交通管理以及交通噪声控制技术多方面不断研究、探索和实践寻找综合对策，确保降噪不断优化，降噪效果显著提升。

（四）噪声的利用

1. 噪声除草

不同的植物对不同的噪声敏感程度不一样。根据这个道理，人们制造出噪声除草器。这种噪声除草器发出的噪声能使杂草的种子提前萌发，这样就可以在作物生长之前用药物除掉杂草，用"欲擒故纵"的妙策，保证作物的顺利生长。

2. 噪声诊病

科学家制成一种激光听力诊断装置，它由光源、噪声发生器和电脑测试器三部分组成。使用时，它先由微型噪声发生器产生微弱短促的噪声，振动耳膜，然后微型电脑就会根据回声，把耳膜功能的数据显示出来，供医生诊断。它测试迅速，不会损伤耳膜，没有痛感，特别适合儿童使用。此外，还可以用噪声测温法来探测人体的病灶。

四、城市交通噪声的分类及治理

近年来，随着对城市工业污染源的综合整治，城市噪声问题日益突出，严重影响着城市居民的正常生活和人体健康。城市噪声主要是指生活噪声和交通噪声，其中交通噪声是一种非稳态、不连续的流动声源，影响范围广、时间长、危害程度大。随着社会的发展，经济条件的改善，生活水平的提高，机动车辆迅速增长。

（一）城市交通噪声污染的分类

1. 城市道路交通噪声

交通环境污染已成为各国城市发展的共性问题。根据载重车比例、道路坡度和道路路面材料等因素得到一个基本的噪声计算值，然后计算由于传播、反射、吸收和屏障等影响所产生的修正，最终得到交通噪声评价值。现在还用一种针对机动车噪声量化分析的软件系统——机动车噪声污染分析处理系统。该系统包括机动车噪声源分析模块、路段噪声分析模块、交叉口噪声分析模块、环境噪声预测模块、环境噪声评价模块。其功能是：根据交通信号控制系统提供的交通信息数据，分析交通路段两侧和交叉口周围的噪声强度等级，依据综合背景值，做出噪声预测。根据环境质量标准，做出环境污染指标（噪声污染指数），进行储存和更新，并根据噪声污染的指标数据和降噪要求，综合选用降噪措施。

2. 城市轨道交通噪声

随着城镇化的发展和经济的高速增长，人口日益增多，目前的交通状况已不能满足要求，发展轨道交通已成为人们的共识。轨道交通由于其运量大速度快、乘坐舒适、安全、稳定、占地少及空气污染小等诸多优点，在城市交通建设中独占鳌头。交通地下主要有地铁，地面包括有轨电车、高轨电车、高架轻轨、城市铁路等形式。城市轨道车辆由于运行在城市中，一般情况下不允许鸣笛，且新的钢轨一般用焊接长钢轨，所以城市中的轨道交通噪声主要是以下四种：轮轨滚动噪声、牵引电机噪声、齿轮转动噪声及空压机噪声。地铁交通除列车运行噪声外，还有冷却噪声等。高架轨噪声除轮轨噪声、车体辐射噪声、动车组牵引电机噪声外，还有桥梁结构噪声，与地面轨道交通相比，其噪声辐射面大，影响范围广。

除前述的隔声吸声屏障技术和绿地降噪外，还可以从轨道结构方面考虑。由于轮轨表面不平顺是引起轮轨滚动噪声的主要激扰源，因此降低滚动噪声首先应该是减少甚至消除轮轨表面的不平顺。通常情况是在车轮踏面整修的同时经常打磨钢轨，可以使滚动噪声得到有效的控制。在钢轨顶面涂增黏剂，减小轮轨在钢轨顶面滑动，从而减小轮轨滑动噪声，或者在钢轨侧面涂润滑剂，减小轮轨之间的摩擦，从而减少列车通过曲线轨道时的啸叫噪声。消灭钢轨局部不平顺，减少轮轨冲击噪声。对于新建线路，可以根据不同的区域，在减振降噪要求高的区域，直接铺设减振降噪型的轨道结构，如上海市轨道交通明珠线在共和新路高架部分地段采用的弹性支承块轨道结构，它与一般的支承块轨道结构的区别是在钢筋混凝土支撑块下多了一层大橡胶垫板，并以橡胶套靴包裹，使这种轨道在承载、动力传递和振动能量各方面接近坚实均匀基础上的碎石道床轨道，从而达到减振降噪的目的。另外，隔声裙和隔声墙相结合也不失为一个很好的方法，即在转向架上安装隔裙，在枕上安装低矮的隔声墙，它们均由吸声材料制成，将轮对和钢轨的声源屏蔽起来，从而达到降低轮轨噪声向外辐射的效果。

3. 城市公路交通噪声

公路交通噪声是指汽车在公路上行驶时所产生的噪声，交通噪声在现代生活中是很普遍的、最难避免的噪声源。随着人们环保意识的增强，交通噪声污染的防治越来越受到道路设计者和使用者的重视。

车辆在路上行驶时，轮胎与路面之间的摩擦碰撞、汽车自身零部件的运转（如发动机、排气管等）以及偶发的驾驶员行为（如鸣笛、刹车等）都是产生噪声的原因。交通噪声是宽频带的，即含所有可听范围频带的能量。公路交通噪声主要从这几个方面进行降噪控制：第一，促进开发低噪声车辆。控制公路交通噪声最直接的措施是控制车辆本身的噪声。为了设计低噪声车辆，除采用高效率的排气消声器外，最重要的措施是附加发动机隔声器来降低发动机噪声，同时在齿轮箱、传动轴、冷却风扇、轮胎噪声机理的基础上进行控制。第二，促进低噪声路面的发展。降低轮胎路面噪声的方法有改进轮胎结构、改进路面材料结构两种。但是改进轮胎结构降噪有限，而且研究费用很高，因此，后一种方法即改进路面材料结构成为降低轮胎/路面噪声的主要研究方向。第三，隔声屏障和隔声窗是防治交通噪声的重要措施。在声源与接收点之间，插入一个有足够面密度的密实材料的板或墙，在屏障的后面形成一个声影区，声波传播过程中遇到屏障时，一部分被反射，一部分被吸收，还有一部分被透射和绕射，从而使噪声降低。

（二）城市交通噪声防治措施

噪声的防治措施针对交通噪声的声源、传播和受声点三个关键环节，有多种措施可降低噪声对受声点的影响，在此我们称之为降噪措施。

1. 针对声源的降噪措施

一般来说，汽车行驶在沥青混凝土路面噪声要低。近年来欧洲许多国家相继开展了对低噪声路面的实验研究，低噪声水泥混凝土路面的降噪特性可与传统的沥青路面相媲美，而疏水沥青混凝土路面的降噪效果更为明显。因此，使用低噪声路面可有效降低公路交通噪声污染。运用禁止鸣笛，某时段内禁止大型车辆在敏感路段通行，调整交通信号使交通流顺畅，调适交通让车辆不需经常停顿等交通管制手段对城市道路的降噪效果有明显提高，也易于采用。

2. 针对噪声传播途径的降噪措施

在城市交通的噪声源与受声点之间设置声屏障。声屏障是一个降低公路噪声的重要设施，也是道路设计者经常采用的降噪措施，有非常好的降噪效果。声屏障是一个明显干涉声波传播的阻挡物或部分阻挡物，它可以阻挡噪声的传播形成一个声影区，其降噪效果随声程差的增大而增加。声屏障的形状和材料种类多种多样，可以用土、砖、混凝土、木材、金属和其他材料来构筑，修建声屏障除考虑其降噪作用外，还要注意其经济实用性，并与其所处环境相协调做到感官舒适。

3. 针对噪声受声点的降噪措施

在城市交通的噪声源与受声点之间种植绿化林带。声波射向树叶的初始角度和树叶的密度决定了树叶对声音的反射、透射和吸收情况。大而厚、带有茸毛的浓密树叶和细枝对降低高频噪声有较大作用。树干对低频噪声反射很少，成片树林可使高频噪声因散射而明显衰减。不同的树种、组合配植方式和地面的覆盖情况也对降噪有一定的影响。声音经过疏松土壤和草坪的传播，会有超过平方反比定律的附加衰减。从遮隔和减弱城市噪声的需要考虑，配植树木应选用常绿灌木与常绿乔木树种的组合，并要求有足够宽度的林带，以便形成较为浓密的"绿墙"，从而有效降低环境噪声。

通过规划设计和适应性调整噪声源与受声点之间的距离。在公路选线时，应充分考虑公路交通噪声污染问题，尤其对《公路建设项目环境影响评价规范》中规定执行《城市区域环境噪声标准》中 2 类标准的学校教师、医院病房、疗养院住房和特殊宾馆等噪声敏感点，应先估算其噪声声级，如通过设置声屏障无法解决噪声污染问题，就需考虑调整线位，增大线位与敏感点之间的距离，降低敏感点的噪声声级。

4. 针对城市轨道交通的噪声

交通的噪声防治是一项综合性的系统工程，主要应从声源降噪和传播途径降噪两方面考虑，特殊情况下应对受声点加以防护。噪声防治应从降低噪声源开始，尽可能地降低列车动力系统噪声。首先，从车辆构造设计上加强防震、吸声措施，采用阻尼车轮及盘式制动，车辆踏面整修和车辆两侧架设防声群等。其次，在轨道及桥梁结构上采取减震降噪措施，如用超长无缝钢轨代替标准钢轨，以减少车轮对钢轨的撞击引起的噪声和震动；在承台上设置弹性聚合物砂浆垫层和配有弹性扣件的整体道床，以利吸收振动波，该整体道床与普通整体道床相比减震降噪效果显著；定期打磨钢轨，增加钢轨的平顺度，降低车轮与钢轨的摩擦、冲击、不均匀磨耗引起的轮轨震动与噪声。

（三）解决方案

以上几种城市交通噪声，各自都有解决的方案，综合归纳如下。

（1）强化政府监管，提高城市管理水平，加强法制建设。进一步组织相关单位，包括城市规划、交通管理、道路建设等部门联合实施。如，对噪声严重超标的车辆应限期治理，车辆的年检应增加噪声检测项目，严格执行国家《汽车报废标准》。对于达不到要求的车辆，应报废的必须报废，不得沿用，加快旧车淘汰。

（2）合理规划。通过预见性规划设计：一是城区内交通主次干线应合理，密度应适中。路沿与敏感建筑物之间应有较大的距离，距离越大，噪声衰减越大，交通噪声对人们的伤害也就越小，一般应为 15~20 m。二是选择敏感建筑物场所进行有效规避，应根据不同的使用目的和建筑物噪声标准，决定建立学校、医院、住宅区和工厂区的合适址。

（3）建设现代化的城市交通基础设施要对交通各设施建设和城市建设提出严格要求，明确规定城市规划部门自确定建设布局时应当根据国家噪声环境质量标准和民用建筑隔声屏障设计规范，合理划定建筑物与交通干线的防噪声距离。与此同时，提出相应的规划设计要求，有可能造成环境噪声污染的，应当设置声屏障或删去其他有效的控制环境噪声污染的措施。

（4）合理布置临街建筑物，可采用设置吸声墙面、隔声门、窗，实行立体绿化，或使商店、楼亭等为临街建筑物，尽可能地减少交通噪声对居民的影响。

（5）对特殊车辆和大型机动车辆的限行，在城市内大力发展公共交通，尤其是环保型的公交车辆，使高噪声车辆得到有效控制。城市建设和道路规划中应充分考虑交通噪声控制措施，提高交通噪声监测技术，加强对交通噪声系统的协调管理。

（6）居民区的自我防护。对路边建筑物如居民区加装塑钢中空隔音玻璃或夹层玻璃。这样能有效地减弱玻璃外面的噪声污染，保护家居的安静环境。

（7）构筑声屏障。采用构筑声屏障的方式来降低公路交通噪声是目前应用得比较广泛的降噪方式。声屏障降噪主要是通过声屏障材料对声波进行吸收、反射等一系列物理反应来降低噪声，据测试采用声屏障降噪效果可达 10 dB。

（8）铺设降噪路面。在普通的沥青路面或水泥混凝土路面结构层上铺筑一层空隙率为 20%~30% 的沥青混合料，有助于吸纳噪声。同等条件下，与普通的沥青混凝土路面相比，此种路面可降低交通噪声 3~8 dB。

（9）低噪声车辆的研制。控制公路噪声最直接的措施是控制车辆本身的噪声。公路交通噪声，尤其是噪声峰值，主要决定于载重汽车、大客车等重型车辆，所以低噪声车辆研究以这类车辆为主。控制车辆噪声是治理公路交通噪声的最根本方法。

（10）绿化带减噪。路沿两侧种植绿化带。树木及绿化植物形成的绿带有吸声、隔声作用，能有效降低噪声。有关研究资料表明，当绿化林带宽度大于 10 m 时，可降低交通噪声 4~5 dB。因此，应增加城市绿化面积，降低空气污染度。为使城市居民远离交通噪声，要致力于在道路两侧修建斜坡，加宽沿街住宅的绿化带，并利用有限地带开发立体绿化，增加植被面积，充分发挥绿色植物在降噪和净化空气污染物中的作用。

　　我国的现代经济发展引发了一系列的环境问题，如果不重视环境监测和环境保护工作，必然会对我国的发展造成影响。目前，随着各方面的重视，我国环境监测工作取得了一定的成果，但是在监测质量管理、人员技术水平、检测标准等方面还存在一定的不足，需要相关部门增加投入，统一标准，提升行业人员的整体素养。这样才能够更好地保障环境监测工作质量，为环境保护工作的顺利推进提供强有力的数据和信息支撑。

　　要想从根本上治理环境污染，必须加大监管力度，严厉处罚污染环境的行为，从而促使人们增强保护环境的意识，同时还应要求工业排出废水必须经过处理，确保废水经过处理以后达标才能排放，以此防止出现环境污染和水资源被污染的现象。可见，落实环境污染防治管理措施，有利于做好环境污染治理工作。

　　总而言之，社会进步的速度较快，绿色环保理念已经深入人心，当下社会大众已经充分认识到生存环境和环境保护的关系，这对环境污染监测、物质治理水平的提升起到了促进作用。新时期，我国经济建设水平大幅提高，城市环境污染问题已经成为制约城市发展的主要因素。为此，必须结合城市发展现状采取合理有效的应对措施，不断提高环境监测质量，保证城市整体环境保护工作的顺利执行，推动城市建设水平合理化发展。

参 考 文 献

[1] 杨静，李新佩. 环境监测实验室的环境污染与防治 [J]. 资源节约与环保，2021(2)：62-63.

[2] 张铁梅，邢瑞英，张玉宏. 浅析环境监测实验室环境污染的防治 [J]. 科技风，2020(17)：172.

[3] 高晓燕. 环境监测中环境污染与防治措施的研究 [J]. 资源节约与环保，2020(3)：148.

[4] 黄艳明. 环境监测实验室的环境污染分析及防治探讨 [J]. 环境与发展，2018，30(9)：135-136.

[5] 杨帆. 农村环境污染的原因、防治措施及环境监测方案 [J]. 乡村科技，2018(15)：118，120.

[6] 许彭. 农村环境污染的原因、防治措施及环境监测方案探讨 [J]. 环境与发展,2018,30(4):91,93.

[7] 王小毛. 浅析环境监测实验室中的环境污染及相关防治对策 [J]. 低碳世界，2017(33)：18-19.

[8] 皇甫鑫. 环境监测实验室的环境污染与防治 [J]. 低碳世界，2017(29)：8-9.

[9] 郑洪领，邹丽. 生物监测及其在水环境污染防治中的应用进展研究 [J]. 环境科学与管理，2017，42(4)：116-118.

[10] 黄露娜，覃洪森. 关于环境监测实验室的环境污染分析及防治研究 [J]. 资源节约与环保，2016(6)：150.

[11] 林杨. 农村环境污染的原因、防治对策及环境监测方案分析 [J]. 资源节约与环保，2015(8)：167.

[12] 王宏艳. 试论农村环境污染的原因、防治措施及环境监测方案 [J]. 科技视界，2015(2)：299.

[13] 朱静，陆野. 室内环境监测在室内环境污染防治中的作用[J]. 科协论坛(下

半月), 2013(6): 143-144.

[14] 宋涛, 魏爱军, 杨希. 环境监测实验室的环境污染及防治探讨 [J]. 北方环境, 2011, 23(11): 107.

[15] 卡林, 田甜. 环境监测实验室环境污染和防治措施 [J]. 北方环境, 2011, 23(10):61, 82.

[16] 万丽兵. 浅谈环境监测实验室的环境污染与防治 [J]. 化学工程与装备, 2010(11): 153-154.

[17] 黄玉平, 张庆国, 吴朝. 生物监测及其在水环境污染防治中的应用进展 [J]. 安徽农学通报, 2009, 15(8): 38-39, 203.

[18] 张淑兰, 张海军. 环境污染防治的监测技术研究 [M]. 北京: 中国纺织出版社, 2018.

[19]《浙江环境保护丛书》编委会. 浙江环境污染防治 [M]. 北京: 中国环境科学出版社, 2012.

[20]《北京环境保护丛书》编委会. 北京环境规划 [M]. 北京: 中国环境出版集团, 2018.

[21] 环境保护部科技标准司, 中国环境科学学会. 环境噪声污染防治知识问答 [M]. 北京: 中国环境出版集团, 2018.

[22] 李兆华, 李循早, 戴武秀. 区域农业面源污染防治研究 [M]. 长春: 吉林大学出版社, 2019.

[23] 王宏亮, 何连生. 中小企业有机废气污染防治难点问题及解决方案 [M]. 中国环境出版集团, 2020.

[24] 杨波. 水环境水资源保护及水污染治理技术研究 [M]. 北京: 中国大地出版社, 2019.

[25] 河北省地质环境监测院. 河北省地下水环境与修复实践 [M]. 石家庄: 河北科学技术出版社, 2019.

[26] 佟占军, 李蕊, 杨璐, 等. 农村生态环境法律研究 [M]. 北京: 知识产权出版社, 2016.